数学が育っていく物語／第４週

絵　村井宗二

数学が育っていく物語／第４週

線　形　性

有限次元から無限次元へ

志賀浩二著

岩波書店

読者へのメッセージ

本書は，2年前に私が著わした『数学が生まれる物語』の続編として書かれたものです．『数学が生まれる物語』では，数の誕生からはじめて，2次方程式やグラフのことを述べ，さらに微積分のごく基本的な部分や，解析幾何に関係することにも触れました．それは全体としてみれば，十分とはいえないとしても，中学校から高等学校までの教育の中で取り扱われる数学を包括する物語でした．

しかし，数学が本当に数学らしい深さと広がりをもって私たちの前に現われてくるのは，この『数学が生まれる物語』が終った場所からであるといってもよいでしょう．そこからこんどは『数学が育っていく物語』がはじまります．そこで新しく展開していく内容は，ふつうのいい方では，大学レベルの数学ということになるかもしれません．でも私は，大学での数学などという既成の枠組みは少しも念頭にありませんでした．

私が本書を執筆するにあたって，最初に思い描いたのは，苗木から少しずつ育って大樹となっていく1本の木の姿でした．苗木の細い幹から小枝が出，小枝の先に葉がつき，季節の到来とともに，葉と葉の間から小さな花芽がふくらんできます．毎年，毎年同じようなことを繰り返しながら，木は確実に大きくなり，1本のたくましい木へと成長していきます．

古代バビロニアにおける天体観測を通して，さまざまな数が粘土板上に記録されることになりましたが，それを数学の種子が土壌に最初にまかれたときであると考えるならば，それから現在まで4000年以上の歳月がたちました．また古代ギリシャ人の手によって，バビロニアとエジプトから数学の苗木がギリシャに移しかえられ，そこで大切に育てられたと考えても，それからすでに2500年の歴史が過ぎました．しかし，この歴史の過程の中で，数学がつねに同じ足取りで成長を続けてきたわけではありませんでした．数学が成長へ向けての大きなエネルギーを得たのは，17世紀後半からであり，その後多くのすぐれた数学者の努力により，数学は急速に発展してきました．そして科学諸分野への応用もあって，時代の文化の1つの表象とも考えられるような大きな姿を，現代数学は示すようになってきたのです．数学は大樹へと成長しました．

本書でこの過程のすべてを描くことはもちろん不可能ですが，それでもその中に見られる数学の育っていく姿だけは読者に伝えたいと思いました．しかしそれをどのように書いたらよいのか，執筆の構想はなかなか思い浮かびませんでした．そうしているとき，ふと，いつか庭木を掘り起こしたとき，木の根が土中深く，また細い糸のような根がはるか遠くまで延びているのに驚いたことを思い出しました．私がそのとき受けた感銘は，1本の木が育つということは，木全体が1つの総合体として育っていくことであり，土中深く根を張っていく力が，同時に花を咲かせる力にもなっているということでした．本書を著わす視点をそこにおくことにしようと，私は決めました．

土の中で，根が少しずつ育っていく状況は，数学がその創造の過程で，暗い，まだ光の見えない所に手を延ばし，未知の真理を探し求めるさまによく似ています．私は数学のこの隠れた働きに眼を凝らし，意識を向けながら，そこからいかに多くの実りが，数学にもたらされたかを書こうと思いました．

私は，読者が本書を通して，数学という学問は，1本の木が育つように，少しずつ確実に，そしていわば全力をつくして，歴史の中を歩んできたのだ，ということを読みとっていただければ有難いと思います．

1994年1月

志賀浩二

第4週のはじめに

線形性というような性質を，第4週のタイトルとすること自体，すでに現代的であるといってよいのかもしれません．線形性とは，基本的には加法とスカラー倍とよばれる2つの演算から導かれる性質を総称しているのですが，同時にまた，この性質を通して数学のさまざまな局面に現われる概念や定理の相互関係を明らかにするという数学内部の働きを表わしています．線形性という考えが，数学の中でどのようにして育ってきたかはよくわからないのですが，1つの源としては，微分の演算が，関数の四則演算に対して示した特徴的な性格にあったのだろうと思われます．関数の四則演算と微分については，関数を加えたり，定数をかけたりすることは微分演算とよく適応します．それは微分演算の線形性とよばれています．それに反し，かけたり割ったりすることは，微分に対してそれほど自然なふるまいを示しません．このことは微分の逆演算の積分になるともっとはっきりしてきます．たとえば積分を計算するとき，私たちは関数の割り算に対しては，不定積分の公式といえるような有効なものはもっていないのです．ニュートン，ライプニッツ以後，微分方程式を解くときに，この微分演算のもつ線形性という特徴が十分意識されたのではないかと私は想像しています．数学史をふり返ってみても，すでに18世紀半ば頃，ダランベールによってこの点に注目して線形微分方程式の一般論が考えられていました．

線形性という考えは，関数方程式や行列の理論を通して数学の中に，徐々に広く浸透してきましたが，線形性という性質が大きく取り上げられ，数学を支えている1つの包括的な性質を与えていると考えられるようになったのは，1930年以降のことです．そこにはフランスの数学者集団ブルバキの強い指導性がありました．20世紀になって，数学は，19世紀までに得られた多くの成果を集合という理念的なものに乗せ，再構築するため，たくさんの概念を導入しました．これらの概念に連関性をもたせ，確実に積み上げていくプロセスを，ブルバキは“構造”という言葉で表現しました．この構造という視点に立ってみると，線形性は数学の基本構造の1つをつくっていると考えられるようになったのです．

この背景には19世紀後半から芽生えてきた行列論や，20世紀になってその重要性が認識されてきた群の表現論などがありました．しかしこのような代数学の枠組みを越えて線形性が数学の前面に躍り出たのは，関数解析学の急速な発展があったからでした．ヒルベルト空間やバナッハ空間が提示した新しい世界は，無限次元の空間においても線形性が積極的に働き，それが豊かな実りをもたらすことを示したのです．

確かに線形性という視点に立つとき，幾何学的直観とは少し別の側面から，有限次元の世界から無限次元の世界までを総合してみることができます．次元といういまなお神秘的な概念が，線形性という構造の枠組みの中では，見通しのよい自然な概念となってきて，無限次元などという言葉も，いまではなんの抵抗もなく使われています．このようなことが一般化したのは，20 世紀もかなりたってからのことと思いますが，これはあるいは数学の長い歴史の上では革命的なことだったのかもしれません．

今週はこの線形性を中心にして話しますが，『線形代数』とタイトルのつけられた多くの本の中で取り扱われている行列や行列式については，あまり深く立ち入らないことにしました．ここでは，線形性の性質そのものをテーマとします．今週は線形性を学びながら，抽象数学とよばれるものの雰囲気を味わって下さい．

目　次

月曜日

平面上のベクトルから
ベクトル空間へ

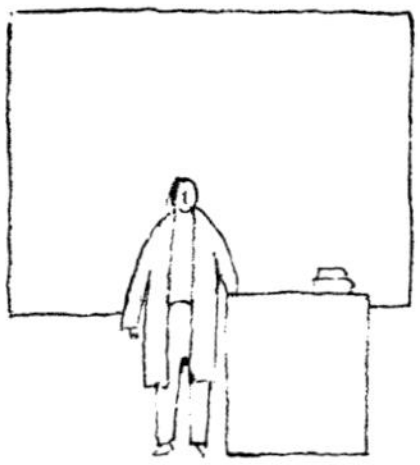

先生の話

第1週，第2週では微分的世界が深まっていくようすを述べ，第3週では積分的世界が広がっていくようすを物語ってきました．微分的世界は，究極のところで関数のもつ解析性という性質を見出しました．一方，積分的世界は考える関数の範囲を，連続関数から不連続関数，さらには L^1-関数や L^2-関数まで広げていきました．

19世紀は，この2つの数学的世界がさまざまな問題で絡み合い，数学を深めていった時代でした．そしてその中から華麗な多くの理論が生まれてきました．

20世紀になると，このある意味で対立する2つの数学的世界にひそんでいた共通な平明な性質が取り出され，それに注目するようになりました．そしてその性質が示す方向から数学にライトをあてることにより，2つのものを同じ視野の中で統一的に捉えようとする試みが生じてきました．その性質とは線形性とよばれる性質です．

たとえば $f, g \in C^0[a, b]$ とするとき，f と g との和 $f+g$ も，また実数 α を f にかけた αf も，ともに $C^0[a, b]$ に属しています．線形性とは基本的にはただこれだけの性質を取り出したものです．しかし微分演算も積分演算も次のよく知られている公式が示すように，ある意味でこの線形性と適合し，なじんでいます．

$$(\alpha f(x)+\beta g(x))' = \alpha f'(x)+\beta g'(x)$$

$$\int_a^b (\alpha f(x)+\beta g(x))dx = \alpha\int_a^b f(x)dx+\beta\int_a^b g(x)dx$$

でも読者の皆さんは，こんなかんたんな性質に注目しただけで何か明らかになることがあるのだろうかと思われるかもしれません．線形性とは数学の中におかれた1つの視点なのです．上の2つの公式にしても，ふつうは微分法の公式の中や，積分法の公式の中に散在しているのですが，こうやって取り出すと，2つの公式は共通なある性質を映しています．

視点という言葉をいいかえれば，線形性は数学の根幹を流れている1つの基音のようなものであるといった方がよいのかもしれません．この基音は，数学のさまざまな場所から響いてくるのですが，その音色は聞く場所によって少しずつ違うようにも思えます．場合によっては，私たちは線形性という基音を直接聞いているのか，あるいは線形性という基音が広がっていく際の反響を聞いているのかわからないときもあります．

線形性はもともとは，平面上のベクトルや，空間のベクトルのもつ性質として抽出されてきたものでした．ですから線形性の背景には幾何学的なものがあります．平面上のベクトルを見るのと，どこか似通った感覚の中で関数空間のようすを調べる道を拓いたのは線形性でした．今日は，そのような話の出発点として，直線上のベクトルや，平面上のベクトルのことからスタートしていくことにしましょう．

直線上のベクトル

数直線上での話からはじめよう．数直線上の点P(a)(aはPを表わす座標)をとると，原点OからPへ向けての線分が決まる．この線分にはOからPへ向けて矢印を書くことができ，それによってこの線分の向きが決まる．このように向きの決められている線分を$\overrightarrow{\mathrm{OP}}$と書き，**有向線分**という．Oを**始点**，Pを**終点**という．

数直線上にもう1つ別の点をとって，それをQ(b)とする．2つの有向線分$\overrightarrow{\mathrm{OP}}$と$\overrightarrow{\mathrm{OQ}}$を加えてみたいというときには，2本の糸をつなげるような私たちの日常経験にしたがえば，次のようにするとよい．$\overrightarrow{\mathrm{OP}}$, $\overrightarrow{\mathrm{OQ}}$のどちらでもよいのだが，たとえば$\overrightarrow{\mathrm{OQ}}$を数直線から切り取って，$\overrightarrow{\mathrm{OP}}$の終点Pにつなげる．そうすると有向線分$\overrightarrow{\mathrm{OR}}$が得られるが，Rの座標は明らかに$a+b$となっている．もっとも図で見てわかるように，$b>0$のときは“糸”$\overrightarrow{\mathrm{OQ}}$をつないでいるが，$b<0$のときは“糸”$\overrightarrow{\mathrm{OQ}}$を折り曲げてつないだようになっている．

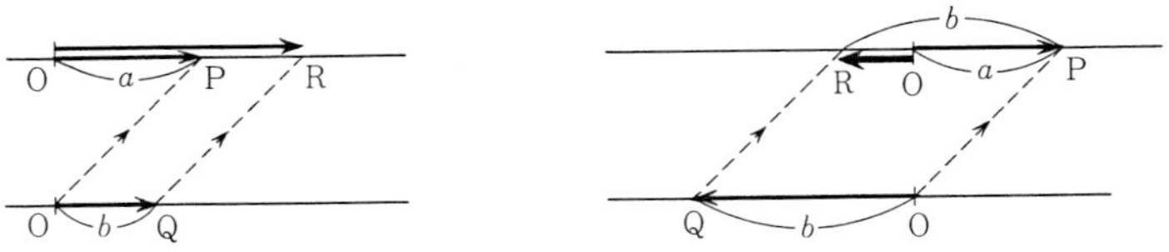

$b>0$ のとき　　　　$b<0$ のとき

このようにして，数でいい表わせば，a と b を加えて $a+b$ ということは，同じ和の記号 ＋ を用いて有向線分の方でいい直せば

$$\overrightarrow{\mathrm{OP}}+\overrightarrow{\mathrm{OQ}}=\overrightarrow{\mathrm{OR}} \qquad (1)$$

と表わされることになるだろう．

同じように分配則

$$2(a+b)=2a+2b$$

は，有向線分を使えば次のようにいい表わされる．$\overrightarrow{\mathrm{OP}}+\overrightarrow{\mathrm{OQ}}=\overrightarrow{\mathrm{OR}}$ を 2 倍に拡大して得られる有向線分 $\overrightarrow{\mathrm{OR'}}$ は，$\overrightarrow{\mathrm{OP}}$ を 2 倍した $\overrightarrow{\mathrm{OP'}}$ と，$\overrightarrow{\mathrm{OQ}}$ を 2 倍した $\overrightarrow{\mathrm{OQ'}}$ を加えたものになっている（図ではわかりやすいように，2 本の数直線を用いて表わしている）．

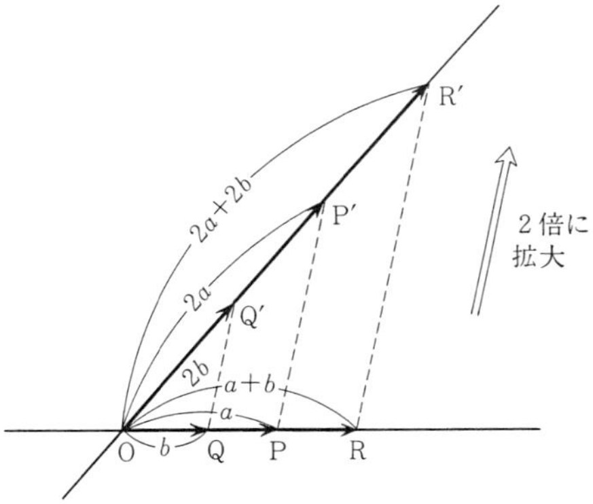

だが，このように有向線分を用いて加法(1)を定義するときに，数直線から“糸”$\overrightarrow{\mathrm{OQ}}$ を切り取ってつなぎ合わすなどという考えを導入した以上，有向線分の始点として原点 O をとっておくことはあまり意味がなくなってしまうかもしれない．$\overrightarrow{\mathrm{OQ}}$ でなくとも，勝手にとった有向線分 $\overrightarrow{\mathrm{AB}}$ に対しても，$\overrightarrow{\mathrm{AB}}$ を数直線から切り取って $\overrightarrow{\mathrm{OP}}$ につなげるならば，そのようにして得られた有向線分を和

$$\overrightarrow{\mathrm{OP}}+\overrightarrow{\mathrm{AB}}$$

であるとして，足し算を定義することができるだろう．しかしこのように考えてくると，$\overrightarrow{\mathrm{OP}}$ の方も始点を必ずしも原点Oにとっておかなくともよさそうである．

この点をもう少し整理して，視点を変えることにより，新しい概念——ベクトル——が導入されてくることになる．私たちは数直線ではなく，単なる直線を考えることにし，まず直線 L を1つとり，その上の有向線分を考えることにする．L 上の2つの有向線分 $\overrightarrow{\mathrm{AB}}$ と $\overrightarrow{\mathrm{A'B'}}$ は，適当に $\overrightarrow{\mathrm{AB}}$ を平行移動して重ね合わすことができるとき，$\overrightarrow{\mathrm{AB}}$ と $\overrightarrow{\mathrm{A'B'}}$ は**同じ型の有向線分**であるということにしよう．要するに，L 上の有向線分は，必要ならばいつでも切り取ることのできる糸のようなものだと考えると，$\overrightarrow{\mathrm{AB}}$ と $\overrightarrow{\mathrm{A'B'}}$ を切り取って重ねるとき完全に重なるならば，$\overrightarrow{\mathrm{AB}}$ と $\overrightarrow{\mathrm{A'B'}}$ は(有向線分として)同じ型をもっていると考えるのである．

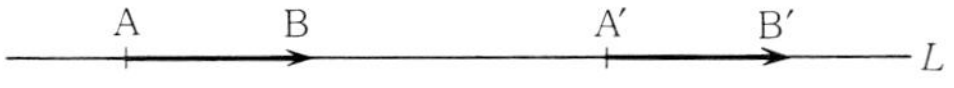

同じ型の有向線分

有向線分 $\overrightarrow{\mathrm{AB}}$ によって決まる型を $[\overrightarrow{\mathrm{AB}}]$ で表わすことにしよう．

♣　1つの背広があれば「これと同じ型の背広をつくってほしい」というように，背広の型が決まるのである．背広そのもの1着，1着が具体的なものであっても，“背広の型”は特定の背広を指し示しているわけではない．それは多少抽象的な概念となっている．

定義　有向線分の型を**直線上のベクトル**という．

いま2つのベクトル $\boldsymbol{x}$ と $\boldsymbol{y}$ があったとしよう．$\boldsymbol{x}$ と $\boldsymbol{y}$ はそれぞれある有向線分 $\overrightarrow{\mathrm{AB}}$ と $\overrightarrow{\mathrm{CD}}$ の型を示している：

$$\boldsymbol{x} = [\overrightarrow{\mathrm{AB}}], \quad \boldsymbol{y} = [\overrightarrow{\mathrm{CD}}]$$

このとき，$\boldsymbol{x}$ と $\boldsymbol{y}$ の和 $\boldsymbol{x}+\boldsymbol{y}$ を定義してみたい．そのため点Cが Bへくるように，有向線分 $\overrightarrow{\mathrm{CD}}$ を平行移動して $\overrightarrow{\mathrm{BD'}}$ をつくる．もちろん $[\overrightarrow{\mathrm{CD}}]=[\overrightarrow{\mathrm{BD'}}]$ である．このとき $\boldsymbol{x}+\boldsymbol{y}$ は，有向線分 $\overrightarrow{\mathrm{AD'}}$ の型であると決めるのである：

$$\boldsymbol{x}+\boldsymbol{y} = [\overrightarrow{\mathrm{AD'}}]$$

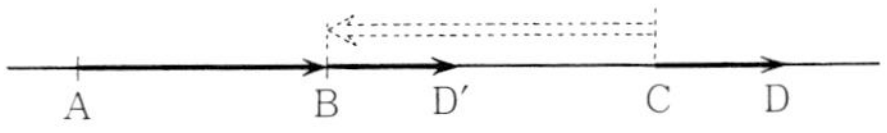

この定義には，数直線の考えを必要としていない．しかし直線 L に座標を入れて数直線とし，有向線分としては原点Oに始点をもつものを考えることにすれば，2つのベクトルの和は，終点の座標の和をとることに対応している．したがってこのように定義したベクトルの和は，ふつうの足し算の規則をみたしている．たとえば $\boldsymbol{x}=[\overrightarrow{\mathrm{AB}}]$ のとき，$-\boldsymbol{x}=[\overrightarrow{\mathrm{BA}}]$ であって，$\boldsymbol{x}-\boldsymbol{x}=[\overrightarrow{\mathrm{AA}}]$ となる．ここで $[\overrightarrow{\mathrm{AA}}]=\mathbf{0}$ とおく，と約束しておけば，$\boldsymbol{x}-\boldsymbol{x}=\mathbf{0}$ である．（$-\boldsymbol{x}$ を導入するためにも，単なる線分ではなく，有向線分を考えることが必要だったのである．）

また，実数 α に対して，ベクトル $\boldsymbol{x}=[\overrightarrow{\mathrm{AB}}]$ の α 倍を次のように定義する．

（i） $\alpha>0$ のとき：$\alpha\boldsymbol{x}=[\alpha\overrightarrow{\mathrm{AB}}]$．ここで $\alpha\overrightarrow{\mathrm{AB}}$ は，$\overrightarrow{\mathrm{AB}}$ の始点Aをとめて，AB方向に $\overrightarrow{\mathrm{AB}}$ を α 倍延ばして得られる有向線分．

（ii） $\alpha=0$ のとき：$\alpha\boldsymbol{x}=[\overrightarrow{\mathrm{AA}}]$．

（iii） $\alpha<0$ のとき：$\alpha\boldsymbol{x}=[\alpha\overrightarrow{\mathrm{AB}}]$．ここで $\alpha\overrightarrow{\mathrm{AB}}$ は，Aを中心にして $\overrightarrow{\mathrm{AB}}$ を逆向き（180°回転）にしたものを，$|\alpha|$ 倍延ばして得られる有向線分である．あるいは $\alpha\boldsymbol{x}=[|\alpha|\overrightarrow{\mathrm{BA}}]$ と書いてもよい．

この定義もまた，数直線上で考えるときには，有向線分をすべて原点Oを始点としてとっておくと，$\boldsymbol{x}=[\overrightarrow{\mathrm{OA}}]$ に対し，$\alpha\boldsymbol{x}$ は，Aの座標を α 倍して得られる有向線分の型を表わしている．

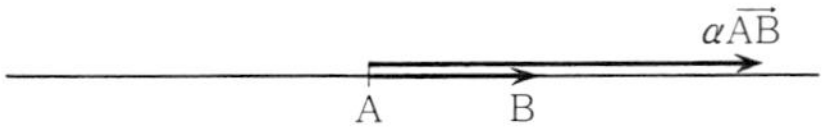

$\alpha>0$ のとき

$\alpha=0$ のとき

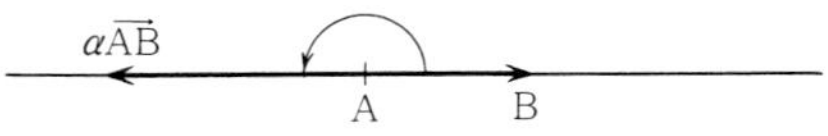

$\alpha<0$ のとき

このようにベクトルの和と，実数 α に対する α 倍を定義してお

くと

$$\alpha(\boldsymbol{x}+\boldsymbol{y}) = \alpha\boldsymbol{x}+\alpha\boldsymbol{y}, \quad (\alpha+\beta)\boldsymbol{x} = \alpha\boldsymbol{x}+\beta\boldsymbol{x},$$
$$\alpha(\beta\boldsymbol{x}) = (\alpha\beta)\boldsymbol{x}, \quad 1\boldsymbol{x} = \boldsymbol{x}$$

が成り立つことがわかる．

平面上のベクトル

いままでは直線の上だけで考えてきたが，同じように平面上でも有向線分と，有向線分の型としてのベクトルを考えることができる．

平面上に2点A, Bをとると，Aを始点とし，Bを終点とする有向線分 $\overrightarrow{\mathrm{AB}}$ が決まる．2つの有向線分 $\overrightarrow{\mathrm{AB}}$ と $\overrightarrow{\mathrm{CD}}$ は，互いに適当な平行移動によって，始点は始点へ，終点は終点へと移されて，重ね合わすことができるとき，$\overrightarrow{\mathrm{AB}}$ と $\overrightarrow{\mathrm{CD}}$ は**同じ型をもつ**ということにする．すなわち1つの有向線分 $\overrightarrow{\mathrm{AB}}$ に対して，$\overrightarrow{\mathrm{AB}}$ を平行移動して得られるような有向線分は，すべて同じ型をもつと考えることにするのである．

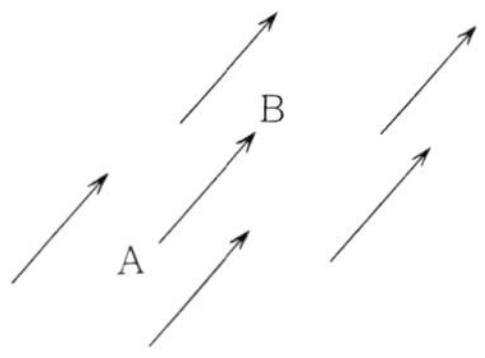

$\overrightarrow{\mathrm{AB}}$ と同じ型をもつ有向線分

定義　平面上の有向線分の型を，**平面上のベクトル**という．

直線上のときと同じように，有向線分 $\overrightarrow{\mathrm{AB}}$ の型を $[\overrightarrow{\mathrm{AB}}]$ と表わすことにする．したがってベクトル $\boldsymbol{x}$ は $\boldsymbol{x}=[\overrightarrow{\mathrm{AB}}]$ のように表わされる．そこで2つのベクトル $\boldsymbol{x}$ と $\boldsymbol{y}$ の和 $\boldsymbol{x}+\boldsymbol{y}$ を次のように定義する．

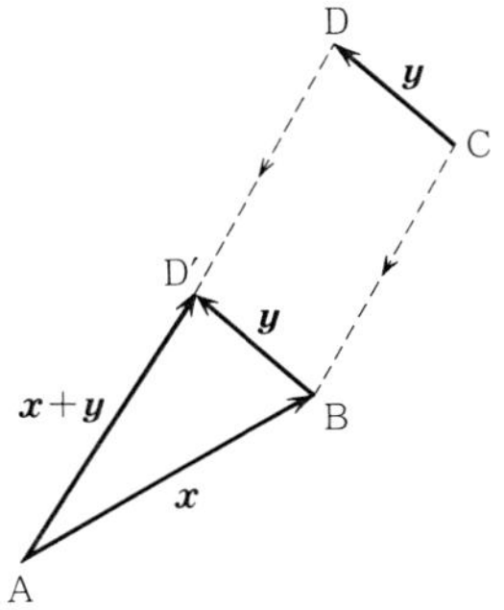

$\boldsymbol{x}=[\overrightarrow{\mathrm{AB}}]$，$\boldsymbol{y}=[\overrightarrow{\mathrm{CD}}]$ とする．$\overrightarrow{\mathrm{CD}}$ を平行移動して始点Cが，$\overrightarrow{\mathrm{AB}}$ の終点Bに一致するようにする．このようにして得られた有向線分を $\overrightarrow{\mathrm{BD'}}$ とする．このとき

$$\boldsymbol{x}+\boldsymbol{y} = [\overrightarrow{\mathrm{AD'}}]$$

と定義するのである．

♣　$\boldsymbol{x}, \boldsymbol{y}$ を表わす有向線分を別のものにとっても，同様の操作をしてみると，$\overrightarrow{\mathrm{AD'}}$ と**同じ型の有向線分**が得られる．

要するに $\boldsymbol{x}+\boldsymbol{y}$ は，$\overrightarrow{\mathrm{AB}}$ と $\overrightarrow{\mathrm{BD'}}$ をつないで得られる三角形の他の

1辺を表わしているベクトルである．この和について

$$(\boldsymbol{x}+\boldsymbol{y})+\boldsymbol{z} = \boldsymbol{x}+(\boldsymbol{y}+\boldsymbol{z}), \qquad \boldsymbol{x}+\boldsymbol{y} = \boldsymbol{y}+\boldsymbol{x}$$

が成り立つ．

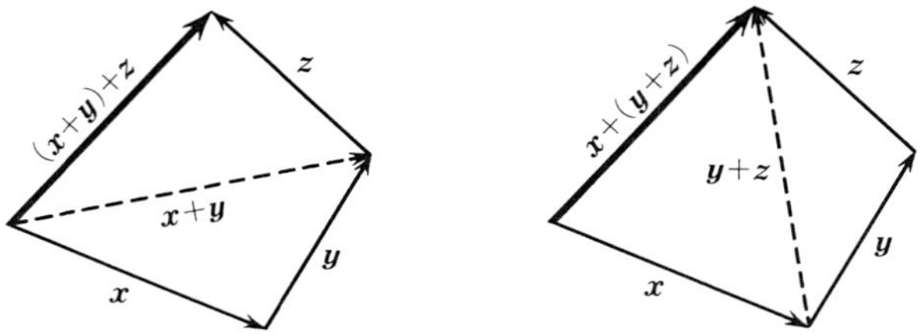

$(\boldsymbol{x}+\boldsymbol{y})+\boldsymbol{z}=\boldsymbol{x}+(\boldsymbol{y}+\boldsymbol{z})$

そして $\mathbf{0}=[\overrightarrow{\mathrm{AA}}]$ とおくと

$$\boldsymbol{x}+\mathbf{0} = \boldsymbol{x}$$

であり，また $\boldsymbol{x}=[\overrightarrow{\mathrm{AB}}]$ に対して $-\boldsymbol{x}=[\overrightarrow{\mathrm{BA}}]$ とおくと

$$\boldsymbol{x}+(-\boldsymbol{x}) = \mathbf{0}$$

が成り立つ．

ベクトル $\boldsymbol{x}$ に実数 α をかけることも，直線上のベクトルのときと同様である．$\boldsymbol{x}=[\overrightarrow{\mathrm{AB}}]$ とすると，$\alpha\boldsymbol{x}$ は，$\alpha \geqq 0$ のときは $\overrightarrow{\mathrm{AB}}$ を B 方向に α 倍した有向線分 $\alpha\overrightarrow{\mathrm{AB}}$ の型であり，$\alpha<0$ のときは有向線分 $\overrightarrow{\mathrm{AB}}$ の向きを変えた $\overrightarrow{\mathrm{BA}}$ を $|\alpha|$ 倍して得られる有向線分 $\alpha\overrightarrow{\mathrm{AB}}$ の型である．

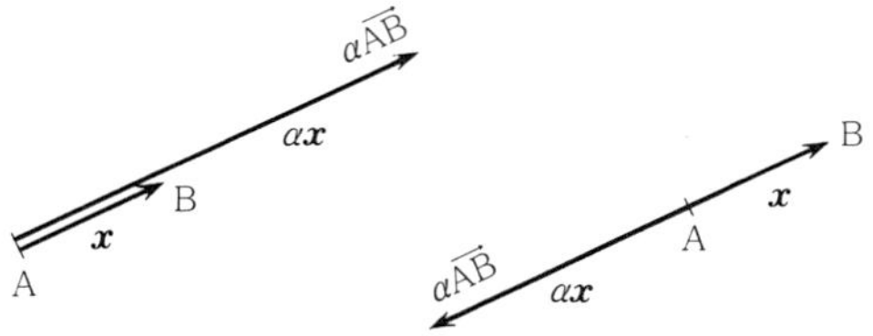

$\alpha \geqq 0$　　　　$\alpha < 0$

ベクトルにこのような規則で実数 α をかけることを**スカラー倍**という．スカラー倍に対しては，これも直線上のときと同じように

$$\alpha(\boldsymbol{x}+\boldsymbol{y}) = \alpha\boldsymbol{x}+\alpha\boldsymbol{y}, \qquad (\alpha+\beta)\boldsymbol{x} = \alpha\boldsymbol{x}+\beta\boldsymbol{x},$$

$$\alpha(\beta\boldsymbol{x}) = (\alpha\beta)\boldsymbol{x}, \qquad 1\boldsymbol{x} = \boldsymbol{x}$$

が成り立つ．

ベクトルと座標

いま述べたことは，私たちに新しい局面を提示している．それは，いままで足し算をしたり，実数をかけたりするのは，数に対してだけであった．もっとも文字式や変数を足したりしていたが，それはそれぞれの文字や変数が，数を表わしているという暗黙の了承があったからである．ところがベクトルは，有向線分の型なのだから，それは私たちのよく知っているような数ではない．数でないものが，足されたり，また数でないものに実数をかけたりすることは，いままでなかったことである．

しかし今日の話の出発点は，単なる直線上ではなく，数直線上にある有向線分の話であった．そのときには，$\overrightarrow{\mathrm{AB}}$ と同じ型をもつ有向線分の中で，とくに原点 O を始点とするものを標準的なものとして選んでおくことができた．そのとき

$$[\overrightarrow{\mathrm{AB}}] = [\overrightarrow{\mathrm{OP}}]$$

とすると，P の座標 a が，$\overrightarrow{\mathrm{AB}}$ の型を表わす数となっていた．すなわち

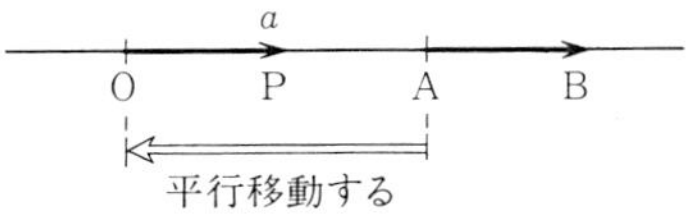

ベクトル $\boldsymbol{x} \longleftrightarrow \overrightarrow{\mathrm{AB}}$ の型 $\longleftrightarrow \overrightarrow{\mathrm{AB}}$ と同じ型をもつ $\overrightarrow{\mathrm{OP}} \longleftrightarrow$ P の座標 a

このようにして，ベクトル $\boldsymbol{x}$ に実数 a を，ベクトル $\boldsymbol{y}$ に実数 b を対応させると

$$\boldsymbol{x}+\boldsymbol{y} \longleftrightarrow a+b, \qquad \alpha\boldsymbol{x} \longleftrightarrow \alpha a$$

となって，ベクトルの演算と実数の演算とがちょうど整合した形となっていたのである．

同じように考えれば，平面上のベクトルに対しても，ベクトルと数を関連させるためには，平面に座標を導入して，座標平面上でベクトルを考えることにするとよいだろう．そのため，ふつうのよう

に平面上に直交座標を1つとって，同じ型をもつ有向線分の中で，座標原点Oに始点をもつ有向線分を標準的なものと考えることにすると，勝手にとった2つのベクトル $\boldsymbol{x}, \boldsymbol{y}$ は

$$\boldsymbol{x} = [\overrightarrow{\mathrm{AB}}] = [\overrightarrow{\mathrm{OP}}]$$
$$\boldsymbol{y} = [\overrightarrow{\mathrm{CD}}] = [\overrightarrow{\mathrm{OQ}}]$$

と表わされる．

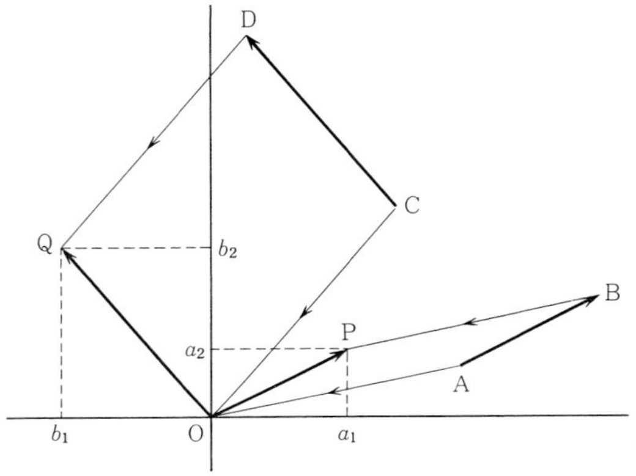

$\boldsymbol{x}=[\overrightarrow{\mathrm{AB}}]=[\overrightarrow{\mathrm{OP}}]$，$\boldsymbol{y}=[\overrightarrow{\mathrm{CD}}]=[\overrightarrow{\mathrm{OQ}}]$

このときPの座標を(a_1, a_2)，Qの座標を(b_1, b_2)とすると，ベクトル $\boldsymbol{x}$ と $\boldsymbol{y}$ には，それぞれ実数の組(a_1, a_2), (b_1, b_2) が対応する．(a_1, a_2), (b_1, b_2) をそれぞれベクトル $\boldsymbol{x}$ と $\boldsymbol{y}$ のこの直交座標に関する**成分**という．さらに図を見るとわかるように，この対応で

$$\begin{aligned} \boldsymbol{x}+\boldsymbol{y} &\longleftrightarrow (a_1+b_1, a_2+b_2) \\ \alpha\boldsymbol{x} &\longleftrightarrow (\alpha a_1, \alpha a_2) \end{aligned} \tag{2}$$

となることもわかる．

その意味では，平面上のベクトル全体は，実数の2つの組からなる集合であって，和とスカラー倍を

$$(a_1, a_2)+(b_1, b_2) = (a_1+b_1, a_2+b_2)$$
$$\alpha(a_1, a_2) = (\alpha a_1, \alpha a_2)$$

として与えたものであるといってよいかもしれない．

しかし，この点を強調しすぎると，今週の主題“線形性”の本質を見失うおそれがある．線形性の背景にあるのは抽象性である．そのためこのことについてもう少し述べることにしよう．

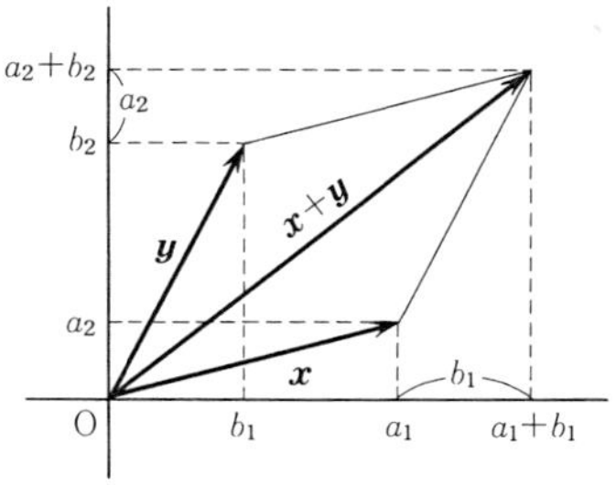

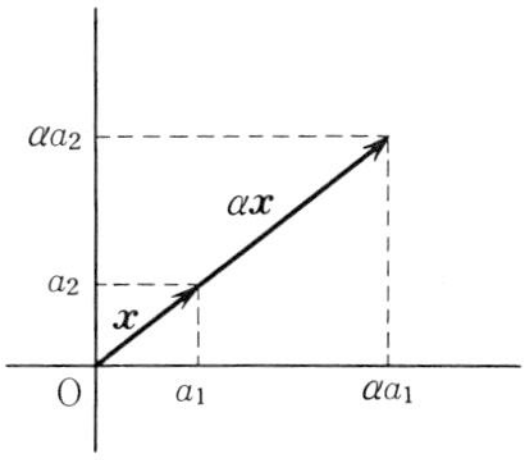

斜交座標系

私たちは，上では平面上に直交座標を1つとった．しかし直交座標系でなくとも，“斜交座標系”をとっても(2)で示したような対応は成り立つのである．

まず斜交座標系について説明しておこう．平面上に，異なる方向を向く2つの直線 X, Y をとり，X と Y の交点Oから，それぞれ X 上に有向線分 $\overrightarrow{\mathrm{OE_1}}$，$Y$ 上に有向線分 $\overrightarrow{\mathrm{OE_2}}$ をとる($\mathrm{E_1, E_2}$ はOと異なるとする)．$\mathrm{E_1, E_2}$ を X と Y 上で1を表わす単位点として，X と Y は数直線と考えると，それにしたがって X 上の点は $(a, 0)$，Y 上の点は $(0, b)$ と表わされることになる．とくに $\mathrm{E_1}$ は $(1, 0)$，$\mathrm{E_2}$ は $(0, 1)$ と表わされる．

そこで平面上の任意の点Pに対して，Pから Y 方向に沿って X 上に射影した点を $(a, 0)$ とし，また X 方向に沿って Y 上に射影した点を $(0, b)$ とし，Pの座標を (a, b) と決めるのである．このようにして導入された座標系を，**斜交座標系**というのである．

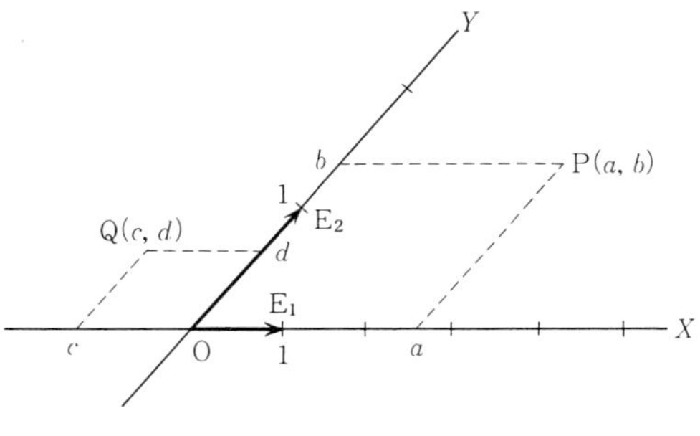

いま斜交座標系が1つ与えられたとしよう．このときにもベクトル $\boldsymbol{x}=[\overrightarrow{\mathrm{AB}}]$ に対し，始点Aを原点に平行移動によって移した有向線分 $\overrightarrow{\mathrm{OP}}$ を標準的なものとしてとり，$\boldsymbol{x}$ に対してPの座標 (a_1, a_2) を対応させると，やはりベクトル $\boldsymbol{x}$ と実数の組 (a_1, a_2) が1対1に対応することになる．さらに，和とスカラー倍に関し，(2)と同じ規則の対応が成り立ってしまうのである．このことは図を見ると明らかだろう．

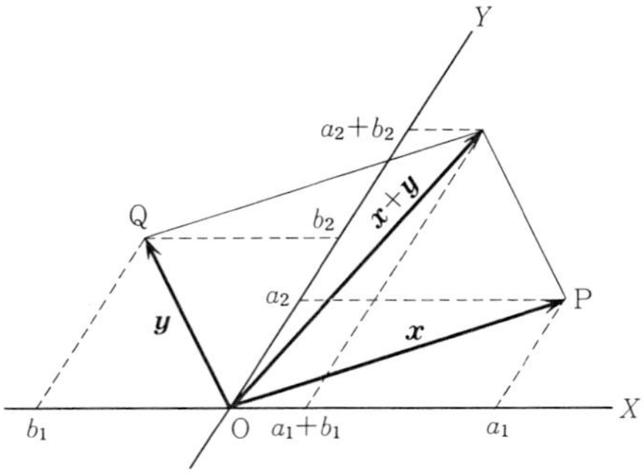

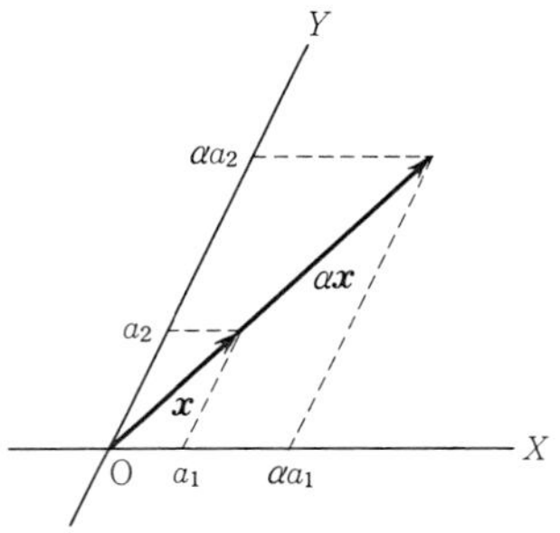

なぜ直交座標でも斜交座標でも，(2)の対応規則が成り立つということには本質的な違いが生じなかったのだろうか．ベクトルとは，有向線分の中で平行移動による不変な性質だけを捉えたものである．一方線分演算で，足し算とか何倍するという演算を行なう場合には，いわば平行移動によって保たれる性質がはっきりと取り出されて用いられている．3 cm の糸と 5 cm の糸を加えるときは，5 cm の糸を平行に移動して，3 cm の糸の終点につなげるとよい．3 cm の糸を 10 倍するときは，3 cm の糸を直線上に 10 本用意して，順次平行移動してつないでいくとよい．

平面上の有向線分が，平行移動して重なったり，つながったりする状況は，直交座標の場合でも斜交座標の場合でも，座標軸に射影しても同じ状況として映し出される．したがってその座標軸に記されている数を用いて表わせば，(2)のような対応規則はどちらの座標系でも保たれるのである．

斜交座標を1つとると，X 軸上に，$\overrightarrow{\mathrm{OE_1}}$ という X 上の単位点 $(1, 0)$ を決める有向線分が決まる．同じように Y 軸上の単位点に

対応して有向線分 $\overrightarrow{\mathrm{OE_2}}$ が決まる．そのとき，ベクトル $\boldsymbol{e}_1, \boldsymbol{e}_2$ を

$$\boldsymbol{e}_1 = [\overrightarrow{\mathrm{OE_1}}], \quad \boldsymbol{e}_2 = [\overrightarrow{\mathrm{OE_2}}]$$

として決めると，どんなベクトル $\boldsymbol{x}$ も，ただ1通りに

$$\boldsymbol{x} = a_1\boldsymbol{e}_1 + a_2\boldsymbol{e}_2 \tag{3}$$

と表わされることになる．そしてこの表わし方の中の a_1 と a_2 は，ちょうどこの斜交座標による $\boldsymbol{x}$ の表現 (a_1, a_2) となっている．

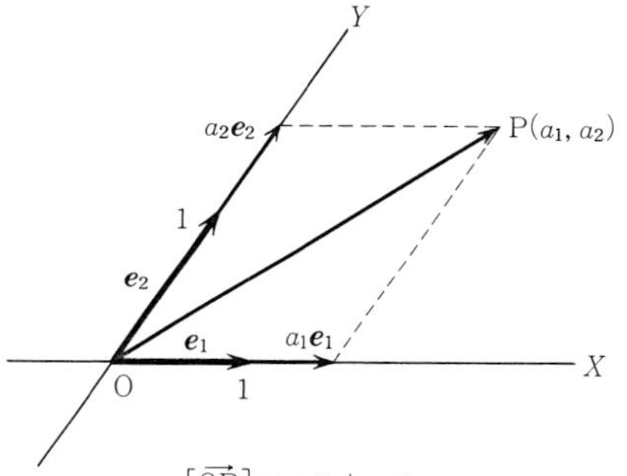

$[\overrightarrow{\mathrm{OP}}] = a_1\boldsymbol{e}_1 + a_2\boldsymbol{e}_2$

しかし注意することは，(3)の中からは，座標平面のような幾何学的な表現は完全に消えているということである．すなわち，(2)のような対応は，実は直交座標系や斜交座標系という考えを用いなくても，(3)のように2つのベクトル $\boldsymbol{e}_1, \boldsymbol{e}_2$ をとると，ベクトル――有向線分の型――とその演算という，抽象的な枠の中で完全に捉えられるのである！

1つの契機

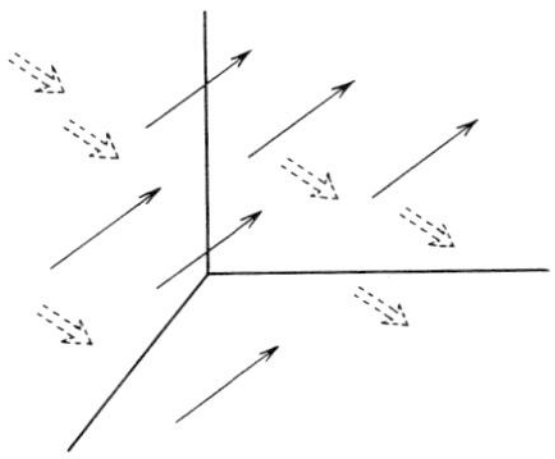

空間の中の有向線分の型

この観点は，数学が新しい1つの方向へと動きはじめる重要な契機を与えた．これからその話へと入っていくことにしよう．

私たちは，直線上のベクトル，平面上のベクトルという考えを導入してきた．同じように空間の中で有向線分を考え，平行移動で重ね合わされる有向線分は同じ型をもつとして，この型のことを**空間のベクトル**ということができるだろう．空間のベクトルに対しても，足し算とスカラー倍を，いままでと同じように定義することができ

る．また空間に直交座標系であれ斜交座標系であれ，1つの座標系を導入しておけば，空間のベクトルは3つの実数の組(a_1, a_2, a_3)として表わすことができ，これに対して(2)と同様な対応が和とスカラー倍に対して成り立つ．

しかしこれよりさらに一歩進めようとすると，状況が変わってくる．私たちは，空間よりさらに先にある高次なものに対して，幾何学的な描像をもっていない．私たちの直観は3次元——空間——で途絶えてしまう．したがって，直線，平面，空間と進んできたベクトルの概念を支えている幾何学的背景は，これでひとまず終ってしまうということになるのである．

では，さらにベクトルの概念を一般化するには，一体，どうしたらよいのだろうか．私たちがベクトルという概念を導入したのは，有向線分を加えたり，何倍かするという演算の意味を確定するためであり，いわば幾何学的な線分と代数的な演算との協調をはかるところにあった．この協調を助けるものとして，平行移動という働きがあった．実際，この働きによって，まったく遠く離れたところにある有向線分も，1つの視野の中に入れて，足すことができたのであった．

私たちはいまは有向線分という考えから離れる時期にさしかかってきたのかもしれない．むしろ線分のもつ基本的な働きが，平行移動を通して，足し算とスカラー倍という演算に反映しているという見方をとりたいのである．そうすると，そこには幾何学的なものを完全に切り離して，足し算とスカラー倍という演算だけが働くような，数学的な場が浮上してくる．そのような場は，抽象的な定式化の中で設定されるものとなってくるだろう．しかしもともと，ベクトル自身が，“有向線分の型”として抽象的に規定されたものだったから，数学が抽象的なものへと移っていく契機は，すでにベクトルの概念そのものの中に内蔵されていたとも考えられるのである．

このようにしてベクトル概念の背景にあった，直線，平面，空間にかわって，足し算とスカラー倍だけができるような数学的対象——ベクトル空間——が，20世紀初頭に登場してきたのである．

ベクトル空間の定義

まずベクトル空間の定義を与えよう．なお $\boldsymbol{R}$ は実数の集合を表わしている．

定義　ものの集り（集合）$\boldsymbol{V}$ が $\boldsymbol{R}$ 上の**ベクトル空間**であるとは，$\boldsymbol{x}, \boldsymbol{y} \in \boldsymbol{V}$ に対して和とよばれる演算＋があって $\boldsymbol{x}+\boldsymbol{y} \in \boldsymbol{V}$ が決まり，また実数 α と $\boldsymbol{x} \in \boldsymbol{V}$ に対して，スカラー倍とよばれる演算があって $\alpha\boldsymbol{x} \in \boldsymbol{V}$ が決まり，これらが次の演算の規則（i）～（viii）をみたすときである．なお $\boldsymbol{V}$ の元 $\boldsymbol{x}, \boldsymbol{y}$ などを**ベクトル**という．

（i）$\boldsymbol{x}+\boldsymbol{y} = \boldsymbol{y}+\boldsymbol{x}$

（ii）$\boldsymbol{x}+(\boldsymbol{y}+\boldsymbol{z}) = (\boldsymbol{x}+\boldsymbol{y})+\boldsymbol{z}$

（iii）すべての $\boldsymbol{x}$ に対し，$\boldsymbol{x}+\boldsymbol{0}=\boldsymbol{x}$ を成り立たせるようなベクトル $\boldsymbol{0}$ がただ1つ存在する．

（iv）すべての $\boldsymbol{x}$ に対し，$\boldsymbol{x}+\boldsymbol{x}'=\boldsymbol{0}$ を成り立たせるようなベクトル $\boldsymbol{x}'$ がただ1つ存在する．

（v）$1\boldsymbol{x} = \boldsymbol{x}$

（vi）$\alpha(\beta\boldsymbol{x}) = (\alpha\beta)\boldsymbol{x}$

（vii）$\alpha(\boldsymbol{x}+\boldsymbol{y}) = \alpha\boldsymbol{x}+\alpha\boldsymbol{y}$

（viii）$(\alpha+\beta)\boldsymbol{x} = \alpha\boldsymbol{x}+\beta\boldsymbol{x}$

（iii）で存在を要請している $\boldsymbol{0}$ を，**零ベクトル**という．零ベクトルと数の0とは概念としては異なるものだが，全然無関係というわけではなく，$\boldsymbol{x}$ に0をスカラー倍したものは零ベクトルとなる：

$$0\boldsymbol{x} = \boldsymbol{0} \tag{4}$$

これを示すには（viii）から

$$0\boldsymbol{x} = (0+0)\boldsymbol{x} = 0\boldsymbol{x}+0\boldsymbol{x}$$

この両辺に，（iv）で存在が保証されている $(0\boldsymbol{x})'$ を加えて（ii）と（iii）を用いると

$$\boldsymbol{0} = 0\boldsymbol{x}+\{0\boldsymbol{x}+(0\boldsymbol{x})'\} = 0\boldsymbol{x}+\boldsymbol{0} = 0\boldsymbol{x}$$

これで(4)が示された．

(iv)で存在を要請している $\boldsymbol{x}'$ を $-\boldsymbol{x}$ と書く．ここでマイナス記号を使っても混乱が生じないのは，$\boldsymbol{0}=0\boldsymbol{x}=(1-1)\boldsymbol{x}=1\boldsymbol{x}+(-1)\boldsymbol{x}=\boldsymbol{x}+(-1)\boldsymbol{x}$ により，

$$-\boldsymbol{x}=(-1)\boldsymbol{x}$$

が成り立つからである．

今日から水曜日までの話では，ベクトル空間というときには，$\boldsymbol{R}$ 上のベクトル空間しか考えないので，“$\boldsymbol{R}$ 上の”を省いて単にベクトル空間ということにする．

なお，ベクトル空間のことを**線形空間**ともいう．そして，一般にある数学的な対象の中に，(i)から(viii)までをみたす和とスカラー倍が組みこまれているとき，この数学的対象は**線形性をもつ**というのである．

♣ 漢字の使い方についてひとこと述べておこう．十数年前までは，“線形”は必ずといってよいほど“線型”と書かれていた．5頁でも注意したように形と型は違うのである．“自動車の形”と“自動車の型”は別のことを意味している．私の考えでは，上の定義(i)～(viii)に述べられている性質は，有向線分の型のもつ基本的な性質を抽出してきたものであって，決してひとつひとつの線の形に注目したものではない．だから以前のように“線型”と書く方がよいと思う．そうはいってみても，私もここでは，最近の慣行にしたがって“線形”と表記してみたがどういう理由で，“線型”から“線形”に変わったのかは，つねづね疑問に思っている．

直線，平面，空間のベクトルのつくるベクトル空間

このベクトル空間の定義にしたがって，直線，平面，空間のベクトルを見直しておこう．直線上のベクトル全体はベクトル空間をつくる．このとき零ベクトルは，始点と終点が一致する有向線分 $[\overrightarrow{\mathrm{AA}}]$ の型(1点！)で与えられる．$\boldsymbol{x}=[\overrightarrow{\mathrm{AB}}]$ とすれば，$-\boldsymbol{x}=[\overrightarrow{\mathrm{BA}}]$ である．零ベクトルでない1つのベクトル $\boldsymbol{e}_1$ をとると，残りのベクトルはただ1通りに

$$\boldsymbol{x} = \alpha \boldsymbol{e}_1 \qquad (\alpha \in \boldsymbol{R}) \tag{5}$$

と表わされる．$\boldsymbol{e}_1 = [\overrightarrow{\mathrm{OE}_1}]$ とすると，これは E_1 を数直線上の座標の単位点にとったことに対応している．

平面上のベクトル全体はベクトル空間をつくる．このとき零ベクトルは，有向線分 $[\overrightarrow{\mathrm{AA}}]$ の型であって，1点として表わされる．この型を指示するため，平面上に1つの決まった点Oをとることは，座標原点をとることに対応している．2つの $\mathbf{0}$ でないベクトル $\boldsymbol{e}_1$, $\boldsymbol{e}_2$ があって，$\boldsymbol{e}_2$ は決して $\alpha\boldsymbol{e}_1$ とは表わされないとしよう．そうすると，$\boldsymbol{e}_2$ は $\boldsymbol{e}_1$ とは別の方向を向いている．したがって $\boldsymbol{e}_1 = [\overrightarrow{\mathrm{OE}_1}]$, $\boldsymbol{e}_2 = [\overrightarrow{\mathrm{OE}_2}]$ とすると，$\overrightarrow{\mathrm{OE}_1}, \overrightarrow{\mathrm{OE}_2}$ は，$\mathrm{E}_1, \mathrm{E}_2$ を座標軸上の単位点とする斜交座標系を決めることになる．こうすると，どんな $\boldsymbol{x}$ もただ1通りに

$$\boldsymbol{x} = a_1\boldsymbol{e}_1 + a_2\boldsymbol{e}_2 \tag{6}$$

と表わされることがわかる．

空間のベクトル全体もベクトル空間をつくる．このときも3つの“独立な”方向を向くベクトル $\boldsymbol{e}_1, \boldsymbol{e}_2, \boldsymbol{e}_3$ をとっておくと，任意のベクトル $\boldsymbol{x}$ はただ1通りに

$$\boldsymbol{x} = a_1\boldsymbol{e}_1 + a_2\boldsymbol{e}_2 + a_3\boldsymbol{e}_3 \tag{7}$$

と表わされることになる(図参照)．

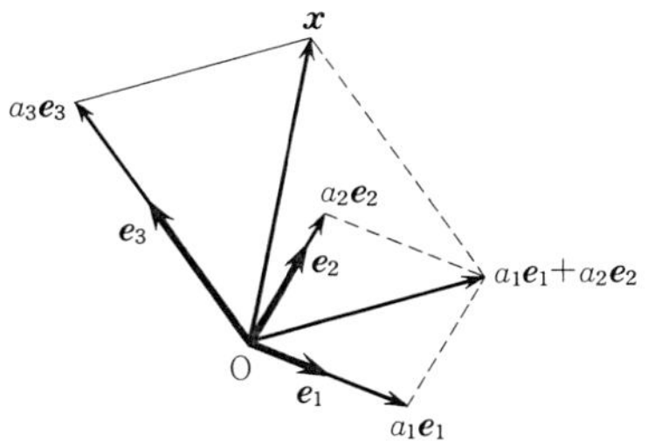

(5), (6), (7)の表示を見ると，直線，平面，空間にしたがって，ベクトルを表示するために必要な基底ベクトル(一般の定義はすぐあとで述べる)は，それぞれ $\{\boldsymbol{e}_1\}$, $\{\boldsymbol{e}_1, \boldsymbol{e}_2\}$, $\{\boldsymbol{e}_1, \boldsymbol{e}_2, \boldsymbol{e}_3\}$ となる．この個数に注目して，直線上のベクトル全体は1次元のベクトル空間，平面上のベクトル全体は2次元のベクトル空間，空間のベクトル全

体は3次元のベクトル空間をつくるという.

$\boldsymbol{n}$ 次元のベクトル空間

ここでベクトルの性質として捉えられた直線，平面，空間の次元を，さらに進めようとすると，ベクトル空間の枠組みの中では次のようになるだろう.

定義 ベクトル空間 $\boldsymbol{V}$ が次の性質をみたすとき，$\boldsymbol{V}$ を **$\boldsymbol{n}$ 次元のベクトル空間**という．$\boldsymbol{V}$ の中に適当な n 個のベクトル $\boldsymbol{e}_1, \boldsymbol{e}_2, \cdots, \boldsymbol{e}_n$ をとると，すべての $\boldsymbol{x}\in\boldsymbol{V}$ はただ1通りに

$$\boldsymbol{x} = a_1\boldsymbol{e}_1+a_2\boldsymbol{e}_2+\cdots+a_n\boldsymbol{e}_n$$

と表わすことができる．そしてこのとき，$\dim\boldsymbol{V}=n$ と表わす.

♣ $\dim\boldsymbol{V}$ と書いたのは，次元の英語 dimension からきている.

ここに現われた n 個のベクトル $\{\boldsymbol{e}_1, \boldsymbol{e}_2, \cdots, \boldsymbol{e}_n\}$ を $\boldsymbol{V}$ の**基底ベクトル**という．もっともこの定義で，n と異なる自然数 m で，$\boldsymbol{V}$ の中に適当な $\tilde{\boldsymbol{e}}_1, \tilde{\boldsymbol{e}}_2, \cdots, \tilde{\boldsymbol{e}}_m$ をとると，やはり

$$\boldsymbol{x} = b_1\tilde{\boldsymbol{e}}_1+b_2\tilde{\boldsymbol{e}}_2+\cdots+b_m\tilde{\boldsymbol{e}}_m$$

と，$\boldsymbol{V}$ のベクトル $\boldsymbol{x}$ がただ1通りに表わされるということはないのだろうか，という心配がある．実際こんなことが起きると，$\boldsymbol{V}$ の次元は，n でもあり，また m でもあるということになり，次元が確定しなくなるのである．そんなことは起きないということは，“お茶の時間”で証明することにしよう.

なお，零ベクトルだけからなる空間も，ベクトル空間となっているが，便宜上，$\dim\{\mathbf{0}\}=0$ と約束しておくことにする.

n 次元ベクトル空間の例を2つだけ挙げておこう.

（I） n 個の実数の組

$$\boldsymbol{x} = (a_1, a_2, \cdots, a_n)$$

に対して，和とスカラー倍を

$$(a_1, a_2, \cdots, a_n)+(b_1, b_2, \cdots, b_n) = (a_1+b_1, a_2+b_2, \cdots, a_n+b_n),$$

$$\alpha(a_1, a_2, \cdots, a_n) = (\alpha a_1, \alpha a_2, \cdots, \alpha a_n)$$

と定義するとベクトル空間となる．このベクトル空間を $\boldsymbol{R}^n$ と表わす．

$\boldsymbol{e}_1 = (1,0,0,\cdots,0)$，$\boldsymbol{e}_2 = (0,1,0,\cdots,0)$，$\cdots$，$\boldsymbol{e}_n = (0,0,\cdots,0,1)$

とおくと，

$$\boldsymbol{x} = a_1\boldsymbol{e}_1 + a_2\boldsymbol{e}_2 + \cdots + a_n\boldsymbol{e}_n$$

と1通りに表わされるから，$\{\boldsymbol{e}_1, \boldsymbol{e}_2, \cdots, \boldsymbol{e}_n\}$ は基底ベクトルであって，$\boldsymbol{R}^n$ は n 次元である：$\dim \boldsymbol{R}^n = n$．なお，$\boldsymbol{R}^n$ の一般の基底ベクトル $\{\tilde{\boldsymbol{e}}_1, \tilde{\boldsymbol{e}}_2, \cdots, \tilde{\boldsymbol{e}}_n\}$ とは，直観的には $\boldsymbol{R}^n$ に1つの“斜交座標系”をとって，その座標軸の単位ベクトルを，それぞれ $\tilde{\boldsymbol{e}}_1, \tilde{\boldsymbol{e}}_2, \cdots, \tilde{\boldsymbol{e}}_n$ としてとったと考えておくとよい．

（Ⅱ）（$n-1$）次以下の整式全体を $P_{n-1}(\boldsymbol{R})$ と表わす．

$$\begin{aligned} \boldsymbol{x} &= a_0 + a_1x + \cdots + a_{n-1}x^{n-1} \\ \boldsymbol{y} &= b_0 + b_1x + \cdots + b_{n-1}x^{n-1} \end{aligned} \qquad (8)$$

に対して，和とスカラー倍を

$$\begin{aligned} \boldsymbol{x} + \boldsymbol{y} &= (a_0 + b_0) + (a_1 + b_1)x + \cdots + (a_{n-1} + b_{n-1})x^{n-1} \\ \alpha\boldsymbol{x} &= \alpha a_0 + \alpha a_1 x + \cdots + \alpha a_{n-1}x^{n-1} \end{aligned}$$

と定義すると，$P_{n-1}(\boldsymbol{R})$ はベクトル空間となる．

$$\boldsymbol{e}_1 = 1(\text{定数}),\ \boldsymbol{e}_2 = x,\ \boldsymbol{e}_3 = x^2,\ \cdots,\ \boldsymbol{e}_n = x^{n-1}$$

とおくと，(8)の表示からも明らかなように，$\{\boldsymbol{e}_1, \boldsymbol{e}_2, \cdots, \boldsymbol{e}_n\}$ は基底ベクトルであって，したがって $P_{n-1}(\boldsymbol{R})$ は n 次元となっている：$\dim P_{n-1}(\boldsymbol{R}) = n$．

この（Ⅰ）にしても（Ⅱ）にしても，n 次元ベクトル空間の例として述べるときには，私たちは，何かこの背後に空間的表象を感じとっている．たとえば $\boldsymbol{e}_1, \boldsymbol{e}_2, \cdots, \boldsymbol{e}_n$ は座標軸上にある単位ベクトルを与えているのだな，と感じている．このように，私たちの幾何学的直観が直接達し得ない高次元の空間的表象を，代数的な性格から読みとっていくところに，ベクトル空間の理論の特徴があるといってもよいのである．

1次従属，1次独立

ベクトル空間の中では，ベクトル相互の関係が重要なものとなる．たとえば17頁の図で示した空間の3つのベクトル $\boldsymbol{e}_1, \boldsymbol{e}_2, \boldsymbol{e}_3$ は，“独立な”方向を向いているが，$\tilde{\boldsymbol{e}}_3 = a_1\boldsymbol{e}_1 + a_2\boldsymbol{e}_2$ とおくと，こんどは $\tilde{\boldsymbol{e}}_3$ は $\boldsymbol{e}_1, \boldsymbol{e}_2$ と独立な方向を向いてはいない．すなわち，$\tilde{\boldsymbol{e}}_3$ は $\boldsymbol{e}_1$ を a_1 倍し，$\boldsymbol{e}_2$ を a_2 倍して得られる平行四辺形の対角線として表わされており，したがって，いわば $\tilde{\boldsymbol{e}}_3$ は $\boldsymbol{e}_1$ と $\boldsymbol{e}_2$ の枠でつくられた床の上に横たわっている！　このようなとき，$\tilde{\boldsymbol{e}}_3$ は $\boldsymbol{e}_1$ と $\boldsymbol{e}_2$ と1次従属の関係にあるという．このような“感じ”に支えられて，一般のベクトル空間 $\boldsymbol{V}$ に対して次の定義をおく．

定義　ベクトル空間 $\boldsymbol{V}$ のベクトル $\{\boldsymbol{x}_1, \boldsymbol{x}_2, \cdots, \boldsymbol{x}_k\}$ があって，ある $\boldsymbol{x}_i$ が残りの $\{\boldsymbol{x}_1, \boldsymbol{x}_2, \cdots, \boldsymbol{x}_{i-1}, \boldsymbol{x}_{i+1}, \cdots, \boldsymbol{x}_k\}$ によって

$$\boldsymbol{x}_i = \alpha_1\boldsymbol{x}_1 + \alpha_2\boldsymbol{x}_2 + \cdots + \alpha_{i-1}\boldsymbol{x}_{i-1} + \alpha_{i+1}\boldsymbol{x}_{i+1} + \cdots + \alpha_k\boldsymbol{x}_k \quad (9)$$

と表わされるとき，$\{\boldsymbol{x}_1, \boldsymbol{x}_2, \cdots, \boldsymbol{x}_k\}$ は**1次従属**であるという．

これに対して，“独立な”方向に向いているという“感じ”は次の定義で取り出すことにする．

定義　$\{\boldsymbol{x}_1, \boldsymbol{x}_2, \cdots, \boldsymbol{x}_k\}$ が1次従属でないとき，1次独立という．すなわち，どの $\boldsymbol{x}_i$ をとっても，(9)のように表わせないとき，**1次独立**という．

この定義については，“先生との対話”の中でもう少し詳しく説明することにしよう．

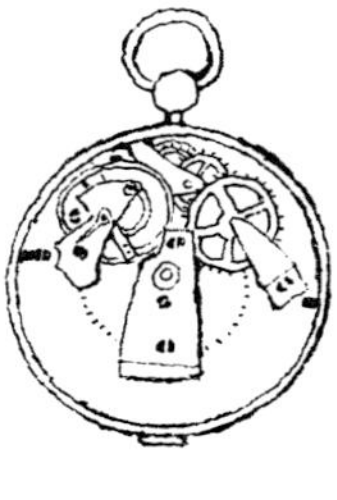

歴史の潮騒

線形性は，遠く長い数学の歴史の中から，潮騒の音のように伝わってくる．古典的な幾何学の多くの概念や定理は，線形性を中心とする線形代数によって捉えることができる．微分方程式では，1760

年代にダランベールが線形常微分方程式の一般論を考えている．1860 年代からはじまったフックスによる深い内容の研究によって，線形性という概念は微分方程式論の中では確立したのである．

しかしここで述べようとするような，幾何学的なものと代数的なものを背景としてもつような総合的な視点としての線形性の認識は，18 世紀にも，19 世紀にも明瞭な形としては登場しなかった．

直交座標を用いれば平面の点は (x_1, x_2) と表わされ，空間の点は (x_1, x_2, x_3) と表わされるが，ここから直観的な世界を数学の形式へ書き移して，幾何学を 3 次元から n 次元へと一般化していくことは，決して容易に受け入れられる道ではなかった．しかしこの n 次元の幾何学を定式化しようとすれば，そこにはどうしても線形性が立ち現われてくるという状況は，多分徐々に明らかになっていったのだろう．

1843～45 年に，グラスマンとケーリーが最初にこの方向へ向けての一歩を踏み出した．グラスマンが 1844 年に著した『広延論』は哲学的なスタイルで書かれていたこともあって，難解で，ほとんど理解されなかった．しかしグラスマンの創意は，時代を超えたところにあり，それは n 次元の“広がった量”をいかにして取り出すかにあった．グラスマン自身，この『広延論』の第 2 版を 1862 年に書き直し，かなり近づきやすい内容となったが，そこには，“量”の 1 次結合，1 次従属，次元などの概念も記されている．1888 年にペアノがグラスマンの仕事をよみがえらせようとし，そのとき，集合概念に根ざしたベクトル空間の概念の導入も試みた．

しかし，実際はグラスマンの思想が理解されるまでには，ほとんど 100 年近くの年月を要したのである．一方，ケーリーの方は，n 個の実数の組 $(x_1, x_2, \cdots, x_n)$ で表わされる量は n 次元の量であるという考えを推し進め，この考え方が n 次元空間とその上での幾何学的性質を調べるときの主流となった．そのため 1920 年代なかばまで，グラスマンやペアノのようなはるかに一般的な思想は，あまり表には登場しなかったのである．

座標を離れて，ベクトル空間と線形性の枠組みの中で，n 次元空間を捉えようとする傾向は，むしろ1910年代から関数空間の理論が広がってきた影響によるようである．実際関数空間では，2つの関数f, gは$f+g$として加えられ，スカラー倍はαfとして与えられているが，これは無限次元のベクトル空間をつくっていると認識されていた．

1928年に出版されたワイルの『量子力学と群論』では，ベクトル空間の公理からはじまっている．そしてそれが無限次元ベクトル空間——ヒルベルト空間——へと引きつがれていくような構成になっている．また1931年に第1巻が出版されたシュライエルとシュペルナーの『解析幾何と代数入門』も，ベクトル空間とか線形代数の考えに基づいて，古典的な主題が取り扱われており，当初は斬新な教科書として評判になった．

しかし線形性という“性質”が数学の1つのプリンシプルにまで高められたのは，1935年以降はじまったブルバキの運動によってであった．ブルバキの構造の考えは有名であるが，位相構造や代数構造はいわば既存の抽象数学を体系的に再構築したものになっている．私の考えでは，ブルバキの構造の中でもっとも独創的なものは，線形性の構造にある．そのもつ簡明な性質にかかわらず，数学を総合的に見る高い視点を与えている線形性を，“性質”としてではなく“構造”と捉えたことによって，そのアクティヴィティを極限まで高めたのである．

先生との対話

道子さんが

「ベクトル空間といっても，そこには足し算とスカラー倍しかないのですね．数学の概念というのはむずかしいものと思っていましたが，ベクトル空間はむしろさっぱりしすぎて私には捉えどころがないような気がします．」

とそこまでいったとき，先生は同感されたのかすぐに話をはじめられた．

「そうなのです．実際，ベクトル空間の中の k 個の元(ベクトル) $\boldsymbol{x}_1, \boldsymbol{x}_2, \cdots, \boldsymbol{x}_k$ を取り出したとき，ここから組み立てられる元というと，おのおのの $\boldsymbol{x}_i$ $(i=1,2,\cdots,k)$ に実数 α_i をかけて足したもの

$$\alpha_1\boldsymbol{x}_1+\alpha_2\boldsymbol{x}_2+\cdots+\alpha_k\boldsymbol{x}_k \tag{10}$$

しかないのです．なおこのように表わされる元を，$\boldsymbol{x}_1, \boldsymbol{x}_2, \cdots, \boldsymbol{x}_k$ の **1 次結合**といいます．

だから，私たちはベクトル空間というときには，いつも(10)の形で表わされる元だけに注目していることになります．しかし，この(10)のような表現だけを問題とすることが，逆に，抽象的に定義されたベクトル空間に対しても，割合自然に幾何学的表象を感じとらせることを可能にしているに違いありません．」

道子さんが

「もう少し質問したいのですが，ベクトル空間にかけ算を導入することはできないのでしょうか．たとえば $\boldsymbol{R}^n$ の 2 つのベクトル $\boldsymbol{x}=(a_1, a_2, \cdots, a_n)$，$\boldsymbol{y}=(b_1, b_2, \cdots, b_n)$ に対して，かけ算を

$$\boldsymbol{xy} = (a_1b_1, a_2b_2, \cdots, a_nb_n)$$

として定義してやることができるように思いますが．」

と聞いた．

「道子さんのかけ算の定義は，ごく自然のようにみえますが，これは $\boldsymbol{x}\neq\boldsymbol{0}$，$\boldsymbol{y}\neq\boldsymbol{0}$ であっても，$\boldsymbol{xy}=\boldsymbol{0}$ となることがあって，やはりあまり適当でないのです．たとえば $\boldsymbol{R}^2$ の場合，$\boldsymbol{x}=(1,0)$，$\boldsymbol{y}=(0,1)$ とすると，$\boldsymbol{xy}=(0,0)=\boldsymbol{0}$ となってしまいます．実際は，$\boldsymbol{R}^2$ ではなく，平面上のベクトルを考察の対象とするともっと困ったことが起きて，座標を用いてかけ算を導入することが，どうしてもできなくなります．それはいま考えた $\boldsymbol{x}=(1,0)$，$\boldsymbol{y}=(0,1)$ を，直交座標 (x, y) を用いて表わしたベクトルの成分とします．このとき同じベクトルを斜交座標

$$X = \frac{1}{\sqrt{2}}(x+y), \qquad Y = \frac{1}{\sqrt{2}}(x-y)$$

を用いて表わしてみると，$\boldsymbol{x}=\left(\frac{1}{\sqrt{2}}, \frac{1}{\sqrt{2}}\right)$，$\boldsymbol{y}=\left(\frac{1}{\sqrt{2}}, -\frac{1}{\sqrt{2}}\right)$ となり $\boldsymbol{xy}=\left(\frac{1}{2}, -\frac{1}{2}\right)\neq\boldsymbol{0}$ となってしまいます．直交座標軸をとっ

てみると $\boldsymbol{xy}=\mathbf{0}$ なのに，別の座標軸をとってみると $\boldsymbol{xy}\neq\mathbf{0}$ となるということでは困るのですね．」

皆は，座標軸をとりかえると，$\boldsymbol{xy}=\mathbf{0}$ となったり，$\boldsymbol{xy}\neq\mathbf{0}$ となったりすることに驚いて，少し考えていた．要するにこのことは，ベクトル空間にいまのような仕方でかけ算を導入することができないことを示しているのだ，ということを納得するのに時間がいるようだった．

しばらくして山田君が質問した．

「線形代数というタイトルの本を見ていましたら，1次従属の定義が先生が話されたもの(20頁参照)と少し別の形で書いてありました．1次従属についてもう少し説明して頂けませんか．」

先生は，1次従属，1次従属と小声で呟いてから次のように話し出された．

「口に出して言ってみると，1次従属など少し硬い法律用語のようですね．1次従属は線形従属ともいいますが，英語の方はむしろ簡明で linearly dependent といいます．linearly というのは，ライン(line)からきた副詞ですね．

山田君が見た本では，1次従属の定義は次のように述べられていたのでしょう．

“少なくとも1つは0でないような $\alpha_1, \alpha_2, \cdots, \alpha_k$ を適当にとると

$$\alpha_1\boldsymbol{x}_1+\alpha_2\boldsymbol{x}_2+\cdots+\alpha_k\boldsymbol{x}_k=\mathbf{0} \tag{11}$$

が成り立つとき，$\boldsymbol{x}_1, \boldsymbol{x}_2, \cdots, \boldsymbol{x}_k$ は1次従属という．”

でもこの言い方はわかりにくいですね．実際，もし(11)の式で $\alpha_i\neq 0$ とすれば

$$\boldsymbol{x}_i=\left(-\frac{\alpha_1}{\alpha_i}\right)\boldsymbol{x}_1+\left(-\frac{\alpha_2}{\alpha_i}\right)\boldsymbol{x}_2+\cdots+\left(-\frac{\alpha_{i-1}}{\alpha_i}\right)\boldsymbol{x}_{i-1}$$
$$+\left(-\frac{\alpha_{i+1}}{\alpha_i}\right)\boldsymbol{x}_{i+1}+\left(-\frac{\alpha_k}{\alpha_i}\right)\boldsymbol{x}_k$$

となって，(9)が成り立つことがわかります．逆に(9)が成り立てば，$\boldsymbol{x}_i$ を移項してみれば(11)が成り立っています．」

明子さんが

「そうすると $\{\boldsymbol{x}_1, \boldsymbol{x}_2, \cdots, \boldsymbol{x}_k\}$ が1次独立ということは，1次従属ではないということですから，(11)が成り立たないということを，定義としてもよいことになりますね.」

と聞いた．先生は黒板に次のように書かれてから答えられた．

ベクトル $\boldsymbol{x}_1, \boldsymbol{x}_2, \cdots, \boldsymbol{x}_k$ が1次独立とは

$$\alpha_1\boldsymbol{x}_1 + \alpha_2\boldsymbol{x}_2 + \cdots + \alpha_k\boldsymbol{x}_k = \boldsymbol{0}$$

となるのは，$\alpha_1 = \alpha_2 = \cdots = \alpha_k = 0$ のときに限る．

「そうです．この言い方の方が使いやすいことが多いのですが，"独立な方向に向いている"という感じがこの言い方からではすぐにはつかみにくいことが，少し困るのですね．1次独立なベクトルに対する重要な性質としては，あるベクトル $\boldsymbol{y}$ が1次独立な $\boldsymbol{x}_1, \boldsymbol{x}_2, \cdots, \boldsymbol{x}_k$ で

$$\boldsymbol{y} = \alpha_1\boldsymbol{x}_1 + \alpha_2\boldsymbol{x}_2 + \cdots + \alpha_k\boldsymbol{x}_k$$

と表わされるならば，この表わし方は，1通りであるということがあります(問題 [2](1))．なお1次独立は線形独立ともいいますが，英語では linearly independent といいます.」

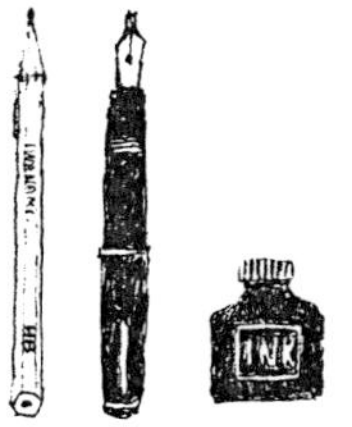

問　題

[1]　ベクトル空間で，$\alpha \neq 0$，$\boldsymbol{x} \neq \boldsymbol{0}$ ならば，$\alpha\boldsymbol{x} \neq \boldsymbol{0}$ であることを示しなさい．

[2]　ベクトル空間で，$\boldsymbol{x}_1, \boldsymbol{x}_2, \cdots, \boldsymbol{x}_k$ を1次独立なベクトルとする．

(1)　$\alpha_1\boldsymbol{x}_1 + \alpha_2\boldsymbol{x}_2 + \cdots + \alpha_k\boldsymbol{x}_k = \beta_1\boldsymbol{x}_1 + \beta_2\boldsymbol{x}_2 + \cdots + \beta_k\boldsymbol{x}_k$ が成り立つならば，$\alpha_1 = \beta_1, \alpha_2 = \beta_2, \cdots, \alpha_k = \beta_k$ となることを示しなさい．

(2)　$\boldsymbol{y}_1 = \boldsymbol{x}_1$，$\boldsymbol{y}_2 = \boldsymbol{x}_1 + \boldsymbol{x}_2$，$\boldsymbol{y}_3 = \boldsymbol{x}_1 + \boldsymbol{x}_2 + \boldsymbol{x}_3, \cdots, \boldsymbol{y}_k = \boldsymbol{x}_1 + \boldsymbol{x}_2 + \cdots + \boldsymbol{x}_k$ とおくと，$\boldsymbol{y}_1, \boldsymbol{y}_2, \cdots, \boldsymbol{y}_k$ も1次独立なベクトルとなることを示しなさい．

[3]　ベクトル空間の4つのベクトル $\boldsymbol{x}_1, \boldsymbol{x}_2, \boldsymbol{x}_3, \boldsymbol{x}_4$ は次のとき1次独立となるか，1次従属となるか，あるいはそのどちらともいえないかを判定しなさい．

（1） $\boldsymbol{x}_1, \boldsymbol{x}_2$ は 1 次従属，$\boldsymbol{x}_3, \boldsymbol{x}_4$ は 1 次独立

（2） $\boldsymbol{x}_1, \boldsymbol{x}_2$ は 1 次独立，$\boldsymbol{x}_3, \boldsymbol{x}_4$ も 1 次独立

（3） $\boldsymbol{x}_1, \boldsymbol{x}_2, \boldsymbol{x}_3$ は 1 次独立，$\boldsymbol{x}_4$ は $\boldsymbol{x}_1, \boldsymbol{x}_2, \boldsymbol{x}_3$ の 1 次結合として表わされない．

お茶の時間

質問　ベクトル空間 $\boldsymbol{V}$ の次元が n であるという定義は，一意的に決まる，つまり，$\boldsymbol{V}$ の基底ベクトルの個数 n は一定だということでしたが，ぼくはその証明をしてみようと大分考えましたが，証明の手がかりがつかめませんでした．直観的に直線や平面や空間のときを考えれば，このとき次元が 1, 2, 3 となることは疑いようもありません．しかしこのことが，ベクトル空間の公理だけから導かれるということは信じがたいことのようにも思えます．

答　君の質問で思ったのだが，私たちの幾何学的直観にぴったりと密着している次元という量を，まったく代数的に定義するという発想自体がすでに昔は不可解なことだったのかもしれない．しかしナイーヴな幾何学的直観から離れる道をとらなかったら，一般の n 次元の定義を求めることは至難のことだったろう．もちろん“次元”の定義の仕方はいろいろあるが，ベクトル空間の広がりの中で捉えたこの代数的な次元の定義が一番簡明である．

さて，ベクトル空間 $\boldsymbol{V}$ が基底ベクトル $\{\boldsymbol{e}_1, \boldsymbol{e}_2, \cdots, \boldsymbol{e}_n\}$ によって n 次元となっているならば，ほかのどんな基底ベクトルをとってもやはり n 次元である，ということを証明しよう．

$\{\boldsymbol{e}_1, \boldsymbol{e}_2, \cdots, \boldsymbol{e}_n\}$ は $\boldsymbol{V}$ の基底ベクトルだから，$\boldsymbol{V}$ のベクトル $\boldsymbol{x}$ はただ 1 通りに

$$\boldsymbol{x} = a_1\boldsymbol{e}_1 + a_2\boldsymbol{e}_2 + \cdots + a_n\boldsymbol{e}_n$$

と表わされている．このことから $\{\boldsymbol{e}_1, \boldsymbol{e}_2, \cdots, \boldsymbol{e}_n\}$ は 1 次独立であるということがわかる．なぜなら $\boldsymbol{0}$ の表わし方は，

$$\boldsymbol{0} = 0\boldsymbol{e}_1 + 0\boldsymbol{e}_2 + \cdots + 0\boldsymbol{e}_n$$

という表わし方以外にはないからである．

そこでいま，別の $\{\tilde{\boldsymbol{e}}_1, \tilde{\boldsymbol{e}}_2, \cdots, \tilde{\boldsymbol{e}}_m\}$ をとったところ，これがやはり $\boldsymbol{V}$ の基底ベクトルとなって，$\boldsymbol{V}$ のベクトル $\boldsymbol{x}$ はただ1通りに

$$\boldsymbol{x} = b_1\tilde{\boldsymbol{e}}_1 + b_2\tilde{\boldsymbol{e}}_2 + \cdots + b_m\tilde{\boldsymbol{e}}_m$$

と表わされたとしよう．このとき必ず $m=n$ となることを示したいのである．なお，$\{\tilde{\boldsymbol{e}}_1, \tilde{\boldsymbol{e}}_2, \cdots, \tilde{\boldsymbol{e}}_m\}$ も1次独立となっていることを注意しておこう．この事実を以下の証明で使うのである．

さて，そこで $m=n$ を示すには次の命題が成り立つことを証明するとよい．

（＊）　一般に1次独立な $\{\tilde{\boldsymbol{e}}_1, \tilde{\boldsymbol{e}}_2, \cdots, \tilde{\boldsymbol{e}}_m\}$ で，おのおのの $\tilde{\boldsymbol{e}}_i$ が $\boldsymbol{e}_1, \boldsymbol{e}_2, \cdots, \boldsymbol{e}_n$ の1次結合として表わされるならば，$m \leqq n$ である．

実際これがいえれば，m と n の役目をとりかえて $n \leqq m$ が得られ，これから $m=n$ が成り立つことがわかる．

(＊)を n についての帰納法を用いて示すことにしよう．

（i）　$n=1$ のとき．このとき $m>1$ と仮定すると

$$\tilde{\boldsymbol{e}}_1 = \alpha_1\boldsymbol{e}_1,\ \ \tilde{\boldsymbol{e}}_2 = \alpha_2\boldsymbol{e}_1,\ \ \cdots,\ \ \tilde{\boldsymbol{e}}_m = \alpha_m\boldsymbol{e}_1$$

と表わされる．$\tilde{\boldsymbol{e}}_i \neq \boldsymbol{0}$ により $\alpha_i \neq 0$ である（もし $\tilde{\boldsymbol{e}}_i = \boldsymbol{0}$ ならば $0\tilde{\boldsymbol{e}}_1 + \cdots + 0\tilde{\boldsymbol{e}}_{i-1} + \gamma\tilde{\boldsymbol{e}}_i + 0\tilde{\boldsymbol{e}}_{i+1} + \cdots + 0\tilde{\boldsymbol{e}}_m = \boldsymbol{0}$ $(\gamma \neq 0)$ という関係が成り立って，1次独立性に反してしまう）．

したがってとくに $\alpha_1 \neq 0$，$\alpha_2 \neq 0$ であって

$$\alpha_2\tilde{\boldsymbol{e}}_1 + (-\alpha_1)\tilde{\boldsymbol{e}}_2 + 0\tilde{\boldsymbol{e}}_3 + \cdots + 0\tilde{\boldsymbol{e}}_m = \boldsymbol{0}$$

という関係が成り立つことになり，1次独立性に矛盾する．したがって $n=1$ のとき，$m \leqq 1$ である．

（ii）　$n-1$ まで成り立ったと仮定する．

$\boldsymbol{V}$ の基底ベクトル $\{\boldsymbol{e}_1, \boldsymbol{e}_2, \cdots, \boldsymbol{e}_n\}$ によって，$\tilde{\boldsymbol{e}}_1, \tilde{\boldsymbol{e}}_2, \cdots, \tilde{\boldsymbol{e}}_m$ $(m>n)$ が

$$\begin{aligned}\tilde{\boldsymbol{e}}_1 &= a_{11}\boldsymbol{e}_1 + a_{12}\boldsymbol{e}_2 + \cdots + a_{1n}\boldsymbol{e}_n \\ \tilde{\boldsymbol{e}}_2 &= a_{21}\boldsymbol{e}_1 + a_{22}\boldsymbol{e}_2 + \cdots + a_{2n}\boldsymbol{e}_n \\ &\cdots\cdots\cdots\cdots\cdots\cdots \\ \tilde{\boldsymbol{e}}_m &= a_{m1}\boldsymbol{e}_1 + a_{m2}\boldsymbol{e}_2 + \cdots + a_{mn}\boldsymbol{e}_n\end{aligned} \tag{12}$$

と表わされたとする．このときもし $a_{1n} = a_{2n} = \cdots = a_{mn} = 0$ となる

ならば，$\tilde{\boldsymbol{e}}_1, \tilde{\boldsymbol{e}}_2, \cdots, \tilde{\boldsymbol{e}}_m$（$m>n$）が $\boldsymbol{e}_1, \boldsymbol{e}_2, \cdots, \boldsymbol{e}_{n-1}$ の1次結合として表わされることになって，帰納法の仮定から $m \leqq n-1$ となり，(＊)が成り立つ．

次にたとえば $a_{mn} \neq 0$ の場合を考えてみると

$$\boldsymbol{f}_1 = \tilde{\boldsymbol{e}}_1 - \frac{a_{1n}}{a_{mn}}\tilde{\boldsymbol{e}}_m,\ \ \boldsymbol{f}_2 = \tilde{\boldsymbol{e}}_2 - \frac{a_{2n}}{a_{mn}}\tilde{\boldsymbol{e}}_m,\ \ \cdots,\ \ \boldsymbol{f}_{m-1} = \tilde{\boldsymbol{e}}_{m-1} - \frac{a_{m-1n}}{a_{mn}}\tilde{\boldsymbol{e}}_m$$

という $m-1$ 個のベクトルは，(12)を代入してみると $\boldsymbol{e}_1, \boldsymbol{e}_2, \cdots, \boldsymbol{e}_{n-1}$ の1次結合として表わされていることがわかる．一方，$\{\tilde{\boldsymbol{e}}_1, \tilde{\boldsymbol{e}}_2, \cdots, \tilde{\boldsymbol{e}}_m\}$ が1次独立であったことに注意すると，$\{\boldsymbol{f}_1, \boldsymbol{f}_2, \cdots, \boldsymbol{f}_{m-1}\}$ がまた1次独立となっていることもわかる．したがって帰納法の仮定を $\{\boldsymbol{f}_1, \cdots, \boldsymbol{f}_{m-1}\}$ と $\{\boldsymbol{e}_1, \cdots, \boldsymbol{e}_{n-1}\}$ に適用すると $m-1 \leqq n-1$，すなわち $m \leqq n$ となり，この場合も(＊)が成り立つ．

これで帰納法により(＊)が証明された．

火曜日

ベクトル空間と線形写像

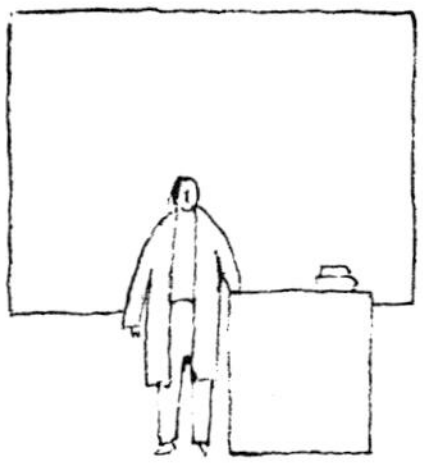

先生の話

昨日は，ベクトル空間の定義と次元についてまで話しました．1次独立や1次従属のことも，“先生との対話”や“問題”に取り上げましたから，この種の概念にも大分なれてきたでしょう．1次独立のベクトルとは，ベクトル空間 $\boldsymbol{R}^n$ の場合にはいってみれば斜交座標の座標軸の単位ベクトルとして採用できるものです．そしてベクトル空間 $\boldsymbol{V}$ が n 次元というのは，その座標軸の単位ベクトルと考えられる n 個の1次独立なベクトル $\boldsymbol{e}_1, \boldsymbol{e}_2, \cdots, \boldsymbol{e}_n$ をとると，$\boldsymbol{V}$ の元 $\boldsymbol{x}$ は，ただ1通りに

$$\boldsymbol{x} = a_1\boldsymbol{e}_1 + a_2\boldsymbol{e}_2 + \cdots + a_n\boldsymbol{e}_n$$

と表わされるということです．

あるいは $\boldsymbol{V}$ が n 次元であるというのは，$\boldsymbol{V}$ の中にある1次独立なベクトルの最大個数は n であるといってもよいのです．なぜかというと，この最大個数 n となるような1次独立のベクトルをたとえば $\boldsymbol{f}_1, \boldsymbol{f}_2, \cdots, \boldsymbol{f}_n$ とすると，これに勝手なベクトル $\boldsymbol{x}$ をつけ加えて $\{\boldsymbol{f}_1, \boldsymbol{f}_2, \cdots, \boldsymbol{f}_n, \boldsymbol{x}\}$ を考えると，これは $n+1$ 個のベクトルですから1次従属となります．$\{\boldsymbol{f}_1, \boldsymbol{f}_2, \cdots, \boldsymbol{f}_n\}$ は1次独立ですから，$\boldsymbol{x}$ が $\boldsymbol{f}_1, \boldsymbol{f}_2, \cdots, \boldsymbol{f}_n$ の1次結合として表わされなければなりません．したがってこのことから，$\boldsymbol{x}$ は

$$\boldsymbol{x} = \beta_1\boldsymbol{f}_1 + \beta_2\boldsymbol{f}_2 + \cdots + \beta_n\boldsymbol{f}_n$$

とただ1通りに表わされることがわかり(月曜日，問題[2])，$\boldsymbol{f}_1, \boldsymbol{f}_2, \cdots, \boldsymbol{f}_n$ は基底ベクトルとなるからです．

もっともベクトル空間は，適当な自然数 n さえとれば，必ず n 次元になるとは限りません．たとえば整式全体の集合

$$P(\boldsymbol{R}) = \{a_0 + a_1x + \cdots + a_nx^n \mid a_i \text{は実数}\,;\, n = 0, 1, 2, \cdots\}$$

は，整式どうしの間のふつうの演算でベクトル空間をつくりますが，$P(\boldsymbol{R})$ の中では

$$\{1, x, x^2, \cdots, x^n\} \qquad (n = 1, 2, \cdots)$$

はつねに1次独立です．すなわち1次独立なベクトル(整式!)の個

数はいくらでも大きくなれるのです．こういう状況のとき，ベクトル空間は**無限次元**であるといいます．

無限次元という言葉に対比して，適当な自然数 $\boldsymbol{n}$ をとると $\boldsymbol{n}$ 次元となるベクトル空間を**有限次元**であるといいます．昨日のように，直線，平面，空間のようなところから考察を起すと，ベクトル空間といえば有限次元がふつうのように思えます．しかし，区間 $[a,b]$ 上で定義された連続関数のつくるベクトル空間や，C^k-級の関数のつくるベクトル空間などを考えてみると，これらは(整式を含んでいますから)すべて無限次元となっています．このように私たちの関心を関数空間の方におくと，こんどは有限次元のベクトル空間の方がむしろ特殊なものにみえてきます．ベクトル空間は，それほど包括的な概念であるといってよいのでしょう．

今日はベクトル空間 $\boldsymbol{V}$ からベクトル空間 $\boldsymbol{W}$ への写像の中で，とくに線形写像とよばれる写像を考えることにします．有限次元のベクトル空間のとき，この線形写像は行列の理論と密接に関係しています．線形写像というより，行列という方がなじみ深い感じをもたれる人も多いでしょうが，ここでは行列の一般論にはそれほど立ち入らないことにします．

ベクトル空間の同型

まず次の定義を与えておこう．

定義　2つのベクトル空間 $\boldsymbol{V}$ と $\boldsymbol{W}$ は，$\boldsymbol{V}$ から $\boldsymbol{W}$ への写像 $\boldsymbol{\Phi}$ が存在して次の性質をみたすとき**同型**であるという．

(i)　$\boldsymbol{\Phi}$ は $\boldsymbol{V}$ から $\boldsymbol{W}$ の上への1対1写像

(ii)　$\boldsymbol{\Phi}(\boldsymbol{x}+\boldsymbol{y}) = \boldsymbol{\Phi}(\boldsymbol{x})+\boldsymbol{\Phi}(\boldsymbol{y}) \qquad (\boldsymbol{x}, \boldsymbol{y} \in \boldsymbol{V})$

$\boldsymbol{\Phi}(\alpha\boldsymbol{x}) = \alpha\boldsymbol{\Phi}(\boldsymbol{x}) \qquad (\alpha \in \boldsymbol{R}, \boldsymbol{x} \in \boldsymbol{V})$

まずこの定義に現われている言葉を説明しよう．ベクトル空間 $\boldsymbol{V}$ も $\boldsymbol{W}$ も，“集合”という抽象的な設定を基盤においている．集合概念の中では，$\boldsymbol{V}$ の各元 $\boldsymbol{x}$ に対して，$\boldsymbol{W}$ のある元 $\boldsymbol{x}'$ を対応させる規則が与えられたとき，それを写像というのがふつうである．写像は英語では map とか，mapping という．関数を function というのとは，少し語感が違っている．しかし，実際上は写像と関数の使いわけははっきりしないようである．たとえば $\boldsymbol{W}$ が実数の集合のときには，写像というより，関数という場合の方が多くなるだろう．

$\boldsymbol{\Phi}$ は，$\boldsymbol{V}$ から $\boldsymbol{W}$ の上への1対1写像と書いたが，“上への”という言い方は英語では onto で，$\boldsymbol{W}$ のどんな元 $\boldsymbol{x}'$ をとっても，必ずある $\boldsymbol{V}$ の元 $\boldsymbol{x}$ が存在して $\boldsymbol{\Phi}(\boldsymbol{x})=\boldsymbol{x}'$ となることをいっている．1対1というのは，$\boldsymbol{x}\neq\boldsymbol{y}$ ならば，$\boldsymbol{\Phi}(\boldsymbol{x})\neq\boldsymbol{\Phi}(\boldsymbol{y})$ となることをいう．集合概念を図を用いて説明するときには，この対応を次のように図示することが多い．

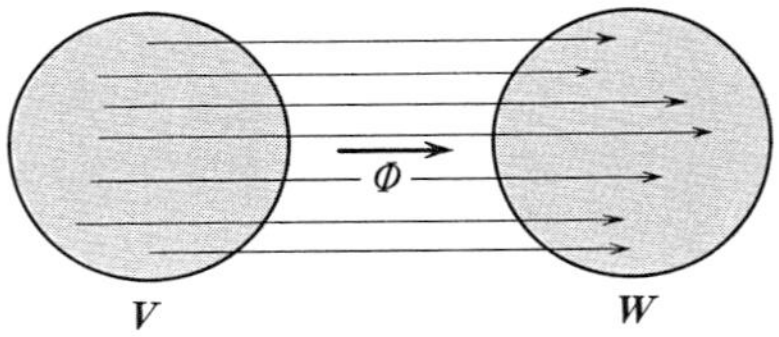

だから定義の(i)でいっていることは，簡単にいえば $\boldsymbol{V}$ と $\boldsymbol{W}$ の元の間には，互いに1対1の対応がつく，あるいは $\boldsymbol{\Phi}$ というライトによって，$\boldsymbol{V}$ が鏡の上にそっくりそのまま $\boldsymbol{W}$ として映されているといってもよい．なお，$\boldsymbol{\Phi}$ を**同型写像**という．

定義の(ii)はこのたとえでいえば，$\boldsymbol{V}$ の中での足し算とスカラー倍は，そのまま鏡に映し出されている $\boldsymbol{W}$ の方に移されているというのである．すなわち

$$\begin{array}{ccc} \boldsymbol{x} \xrightarrow{\Phi} \boldsymbol{x}' & & \boldsymbol{x}+\boldsymbol{y} \xrightarrow{\Phi} \boldsymbol{x}'+\boldsymbol{y}' \\ & \text{ならば} & \\ \underset{\boldsymbol{V}}{\underset{\cap}{\boldsymbol{y}}} \xrightarrow{\Phi} \underset{\boldsymbol{W}}{\underset{\cap}{\boldsymbol{y}'}} & & \underset{\boldsymbol{V}}{\underset{\cap}{\alpha\boldsymbol{x}}} \xrightarrow{\Phi} \underset{\boldsymbol{W}}{\underset{\cap}{\alpha\boldsymbol{x}'}} \end{array}$$

なお，$0=\boldsymbol{x}-\boldsymbol{x}$ から，$\boldsymbol{\Phi}(0)=\boldsymbol{\Phi}(\boldsymbol{x})-\boldsymbol{\Phi}(\boldsymbol{x})=0$ となることを注意しておこう．

$\boldsymbol{\Phi}$ は1対1だから，$\boldsymbol{W}$ から $\boldsymbol{V}$ の方への逆写像 $\boldsymbol{\Phi}^{-1}$ も存在して

いる．すなわち，$\boldsymbol{x}'\in\boldsymbol{W}$ に対し

$$\boldsymbol{\Phi}^{-1}(\boldsymbol{x}')=\boldsymbol{x}\Longleftrightarrow\boldsymbol{\Phi}(\boldsymbol{x})=\boldsymbol{x}'$$

である（$\boldsymbol{\Phi}^{-1}$ は，まず鏡の中の像 $\boldsymbol{W}$ を見てから，$\boldsymbol{V}$ の方へふり返るような写像である！）．$\boldsymbol{\Phi}^{-1}$ の方からいえば，上の対応は

$$\begin{array}{ccc} \boldsymbol{x}'\xrightarrow{\boldsymbol{\Phi}^{-1}}\boldsymbol{x} & & \boldsymbol{x}'+\boldsymbol{y}'\xrightarrow{\boldsymbol{\Phi}^{-1}}\boldsymbol{x}+\boldsymbol{y} \\ & \text{ならば} & \\ \boldsymbol{y}'\xrightarrow{\boldsymbol{\Phi}^{-1}}\boldsymbol{y} & & \alpha\boldsymbol{x}'\xrightarrow{\boldsymbol{\Phi}^{-1}}\alpha\boldsymbol{x} \\ \cap\qquad\cap & & \cap\qquad\qquad\cap \\ \boldsymbol{W}\qquad\boldsymbol{V} & & \boldsymbol{W}\qquad\qquad\boldsymbol{V} \end{array}$$

となる．

2つのベクトル空間 $\boldsymbol{V}$ と $\boldsymbol{W}$ が同型であることを，記号

$$\boldsymbol{V}\cong\boldsymbol{W}$$

で表わす．このとき次の3つの性質が成り立つ．

$$\boldsymbol{V}\cong\boldsymbol{V}$$
$$\boldsymbol{V}\cong\boldsymbol{W}\quad\text{ならば}\quad\boldsymbol{W}\cong\boldsymbol{V}$$
$$\boldsymbol{V}\cong\boldsymbol{W},\ \boldsymbol{W}\cong\boldsymbol{U}\quad\text{ならば}\quad\boldsymbol{V}\cong\boldsymbol{U}$$

一番下の関係では，同型写像 $\boldsymbol{\Phi}:\boldsymbol{V}\to\boldsymbol{W}$，$\boldsymbol{\Psi}:\boldsymbol{W}\to\boldsymbol{U}$ の合成写像 $\boldsymbol{\Psi}\circ\boldsymbol{\Phi}$ が $\boldsymbol{V}$ から $\boldsymbol{U}$ への同型写像を与えている．

同じ構造

ブルバキの言葉づかいにしたがえば，$\boldsymbol{V}$ と $\boldsymbol{W}$ が同型のとき，$\boldsymbol{V}$ と $\boldsymbol{W}$ はベクトル空間として**同じ構造をもつ**ということになる．ベクトル空間の構造は，足し算とスカラー倍を用いて純粋に組み立てられていくものだから，同型な $\boldsymbol{V}$ と $\boldsymbol{W}$ を本質的に区別するようなものは，ベクトル空間の理論構成の上からは何も見当らないのである．この2つの空間はつねに同型を与える写像 $\boldsymbol{\Phi}$ で移り合う．

たとえば，$\{\boldsymbol{e}_1,\boldsymbol{e}_2,\cdots,\boldsymbol{e}_k\}$ を $\boldsymbol{V}$ の1次独立なベクトルとすれば，$\{\boldsymbol{\Phi}(\boldsymbol{e}_1),\boldsymbol{\Phi}(\boldsymbol{e}_2),\cdots,\boldsymbol{\Phi}(\boldsymbol{e}_k)\}$ は $\boldsymbol{W}$ の1次独立なベクトルとなる．実際，

$$\alpha_1\boldsymbol{\Phi}(\boldsymbol{e}_1)+\alpha_2\boldsymbol{\Phi}(\boldsymbol{e}_2)+\cdots+\alpha_k\boldsymbol{\Phi}(\boldsymbol{e}_k)=\boldsymbol{0}$$

という関係があると

$$\boldsymbol{\Phi}(\alpha_1\boldsymbol{e}_1+\alpha_2\boldsymbol{e}_2+\cdots+\alpha_k\boldsymbol{e}_k)=\boldsymbol{0}$$

となり，これから $\boldsymbol{\Phi}$ が1対1だったから

$$\alpha_1\boldsymbol{e}_1+\alpha_2\boldsymbol{e}_2+\cdots+\alpha_k\boldsymbol{e}_k=\boldsymbol{0}$$

という関係が得られる．$\{\boldsymbol{e}_1,\boldsymbol{e}_2,\cdots,\boldsymbol{e}_k\}$ は1次独立だから，$\alpha_1=\alpha_2=\cdots=\alpha_k=0$ であり，これで $\{\boldsymbol{\Phi}(\boldsymbol{e}_1),\boldsymbol{\Phi}(\boldsymbol{e}_2),\cdots,\boldsymbol{\Phi}(\boldsymbol{e}_k)\}$ が1次独立であることが示された．

有限次元のベクトル空間が同じ構造をもつかどうかはただ1つの量――次元――だけで決まってしまうということを示す次の定理は，ベクトル空間の理論にとって礎石のような重みをもつ．

定理　有限次元のベクトル空間 $\boldsymbol{V}$ と $\boldsymbol{W}$ が同型となるための必要十分条件は

$$\dim\boldsymbol{V}=\dim\boldsymbol{W}$$

が成り立つことである．

［証明］ 必要性：$\boldsymbol{V}$ と $\boldsymbol{W}$ が同型写像 $\boldsymbol{\Phi}$ によって同型であったとする．$\dim\boldsymbol{V}=n$, $\dim\boldsymbol{W}=m$ とする．$\boldsymbol{V}$ の基底ベクトルを $\{\boldsymbol{e}_1,\boldsymbol{e}_2,\cdots,\boldsymbol{e}_n\}$ とすると，上に述べたことから $\{\boldsymbol{\Phi}(\boldsymbol{e}_1),\boldsymbol{\Phi}(\boldsymbol{e}_2),\cdots,\boldsymbol{\Phi}(\boldsymbol{e}_n)\}$ は $\boldsymbol{W}$ の1次独立なベクトルとなる．$\boldsymbol{W}$ の次元 m は，“先生の話”にもあったように，$\boldsymbol{W}$ の中に含まれる1次独立なベクトルの最大個数として捉えられるから，これから $n\leqq m$ がわかる．$\boldsymbol{\Phi}^{-1}:\boldsymbol{W}\to\boldsymbol{V}$ に対して，同様の議論を行なうと $m\leqq n$ が得られる．この2つから $m=n$ が示された．

十分性：$\dim\boldsymbol{V}=\dim\boldsymbol{W}=n$ とする．$\boldsymbol{V}$ と $\boldsymbol{W}$ の基底ベクトルをそれぞれ

$$\{\boldsymbol{e}_1,\boldsymbol{e}_2,\cdots,\boldsymbol{e}_n\},\quad\{\boldsymbol{f}_1,\boldsymbol{f}_2,\cdots,\boldsymbol{f}_n\}$$

とする．$\boldsymbol{V}$ のベクトル $\boldsymbol{x}$，$\boldsymbol{W}$ のベクトル $\boldsymbol{y}$ は，それぞれただ1通りに

$$\boldsymbol{x}=\alpha_1\boldsymbol{e}_1+\alpha_2\boldsymbol{e}_2+\cdots+\alpha_n\boldsymbol{e}_n$$
$$\boldsymbol{y}=\beta_1\boldsymbol{f}_1+\beta_2\boldsymbol{f}_2+\cdots+\beta_n\boldsymbol{f}_n$$

と表わされる．このとき，$\boldsymbol{V}$ から $\boldsymbol{W}$ への写像 $\boldsymbol{\Phi}$ を

$$\boldsymbol{\Phi}(\alpha_1\boldsymbol{e}_1+\alpha_2\boldsymbol{e}_2+\cdots+\alpha_n\boldsymbol{e}_n)=\alpha_1\boldsymbol{f}_1+\alpha_2\boldsymbol{f}_2+\cdots+\alpha_n\boldsymbol{f}_n$$

と定義すると，$\boldsymbol{\Phi}$ は明らかに $\boldsymbol{V}$ から $\boldsymbol{W}$ への同型写像を与えている．（証明終り）

この定理により，有限次元のベクトル空間の構造は，次元だけで完全に決まってしまうことになった．次元 n を決めたとき，もっとも標準的なベクトル空間は $\boldsymbol{R}^n$ である．$\boldsymbol{R}^n$ は n 個の実数の組 $(a_1, a_2, \cdots, a_n)$ 全体からなるベクトル空間であった．加法は $(a_1, a_2, \cdots, a_n)+(b_1, b_2, \cdots, b_n)=(a_1+b_1, a_2+b_2, \cdots, a_n+b_n)$，スカラー倍は $\alpha(a_1, a_2, \cdots, a_n)=(\alpha a_1, \alpha a_2, \cdots, \alpha a_n)$ で与えられている．

したがって定理でいっていることは，どんな n 次元のベクトル空間も，適当に鏡に映してみると $\boldsymbol{R}^n$ として映されている，ということである．そうはいっても，この映し方（同型写像のとり方）は，$\boldsymbol{V}$ の基底のとり方によって変わってくる．$\boldsymbol{V}$ の基底ベクトル $\{\boldsymbol{e}_1, \boldsymbol{e}_2, \cdots, \boldsymbol{e}_n\}$ を 1 つとると，この自然な同型対応は

$$\boldsymbol{x} = a_1\boldsymbol{e}_1+a_2\boldsymbol{e}_2+\cdots+a_n\boldsymbol{e}_n \longrightarrow (a_1, a_2, \cdots, a_n)$$

で与えられる．

たとえば定数と 1 次式のつくるベクトル空間

$$P_1(\boldsymbol{R}) = \{a+bx \mid a, b \text{ は実数}\}$$

は $\boldsymbol{R}^2$ と同型になる．自然な同型対応はもちろん $a+bx\to(a, b)$ で与えられる．このようなとき，(a, b) をベクトルということは自然に受けいれられても，$a+bx$ の方をベクトルということには少し抵抗があるだろう．$a+bx$ の方には整式という見方が強いからである．これからはベクトル空間の元を“ベクトル”というかわりに，単純にベクトル空間の“元”ということもある．その方が抽象的な視点になじむことが多いのである．同じような観点で，“基底ベクトル”を単に“基底”ということもある．

部分空間

部分空間の定義は次のように述べられる．

定義　ベクトル空間 $\boldsymbol{V}$ の部分集合 $\boldsymbol{U}$ が

（i）$\boldsymbol{x}, \boldsymbol{y} \in \boldsymbol{U}$　ならば　$\boldsymbol{x}+\boldsymbol{y} \in \boldsymbol{U}$

（ii）$\alpha \in \boldsymbol{R}, \boldsymbol{x} \in \boldsymbol{U}$　ならば　$\alpha \boldsymbol{x} \in \boldsymbol{U}$

をみたすとき，$\boldsymbol{U}$ を $\boldsymbol{V}$ の**部分空間**という．

この定義を見る限りでは，部分空間の定義は，ベクトル空間の定義と同じにみえるかもしれないが，加法とスカラー倍が $\boldsymbol{V}$ の中ですでに定義されている，という点が違っている．$\boldsymbol{V}$ のもつベクトル空間の構造を，$\boldsymbol{U}$ だけに制限して考えると，$\boldsymbol{U}$ にベクトル空間の構造が入るとき，$\boldsymbol{U}$ を $\boldsymbol{V}$ の部分空間というのである．

いまとくに $\boldsymbol{V}$ を有限次元とし

$$\dim \boldsymbol{V} = n$$

とする．そのとき $\boldsymbol{U}$ もまた有限次元となる．それは，$\boldsymbol{U}$ の中の1次独立な元は，当然 $\boldsymbol{V}$ の中でも1次独立な元となるからであって，したがってまた

$$\dim \boldsymbol{U} \leqq \dim \boldsymbol{V}$$

が成り立つ．

そこで $\dim \boldsymbol{U}=k$ として，$\boldsymbol{U}$ の基底を $\{\boldsymbol{e}_1, \boldsymbol{e}_2, \cdots, \boldsymbol{e}_k\}$ とする．$\boldsymbol{V}$ のすべての元が $\{\boldsymbol{e}_1, \boldsymbol{e}_2, \cdots, \boldsymbol{e}_k\}$ の1次結合で表わされれば，$\dim \boldsymbol{U} = \dim \boldsymbol{V} = n$ となる．したがって $\dim \boldsymbol{U} < \dim \boldsymbol{V}$ ならば，必ず $\boldsymbol{e}_1, \boldsymbol{e}_2, \cdots, \boldsymbol{e}_k$ の1次結合として表わされない元 $\boldsymbol{e}_{k+1}$ が $\boldsymbol{V}$ の中にある．もちろん $\boldsymbol{e}_{k+1} \notin \boldsymbol{U}$ である．このとき $\{\boldsymbol{e}_1, \boldsymbol{e}_2, \cdots, \boldsymbol{e}_k, \boldsymbol{e}_{k+1}\}$ は1次独立となっていることを注意しておこう．実際，

$$\alpha_1 \boldsymbol{e}_1 + \alpha_2 \boldsymbol{e}_2 + \cdots + \alpha_k \boldsymbol{e}_k + \alpha_{k+1} \boldsymbol{e}_{k+1} = \boldsymbol{0}$$

という関係が成り立ったとすると，まず $\alpha_{k+1}=0$ でなければならない（もし $\alpha_{k+1} \neq 0$ ならば，移項してみると $\boldsymbol{e}_{k+1}$ が $\boldsymbol{e}_1, \boldsymbol{e}_2, \cdots, \boldsymbol{e}_k$ の1次結合として表わされてしまい，$\boldsymbol{e}_{k+1}$ は $\boldsymbol{U}$ に含まれてしまう）．したがって

$$\alpha_1 \boldsymbol{e}_1 + \alpha_2 \boldsymbol{e}_2 + \cdots + \alpha_k \boldsymbol{e}_k = \boldsymbol{0}$$

となるが，$\{\boldsymbol{e}_1, \boldsymbol{e}_2, \cdots, \boldsymbol{e}_k\}$ は1次独立だったから，$\alpha_1 = \alpha_2 = \cdots = \alpha_k = 0$ となることがわかる．

同じような考察を繰り返して適用してみると，$\boldsymbol{U}$ の基底 $\{\boldsymbol{e}_1, \boldsymbol{e}_2, \cdots, \boldsymbol{e}_k\}$ に次々と1次独立な元をつけ加えて，n 個の1次独立な元，すなわち $\boldsymbol{V}$ の基底

$$\{\boldsymbol{e}_1, \boldsymbol{e}_2, \cdots, \boldsymbol{e}_k, \boldsymbol{e}_{k+1}, \cdots, \boldsymbol{e}_n\} \tag{1}$$

を見出すことができる．

このとき

$$\{\boldsymbol{e}_{k+1}, \cdots, \boldsymbol{e}_n\} \tag{2}$$

の1次結合として表わされる元

$$\beta_{k+1}\boldsymbol{e}_{k+1}+\cdots+\beta_n\boldsymbol{e}_n$$

全体は，$\boldsymbol{V}$ の部分空間となる．この部分空間を $\tilde{\boldsymbol{U}}$ と表わすと，$\dim\tilde{\boldsymbol{U}}=n-k$ であって，(2)が $\tilde{\boldsymbol{U}}$ の基底となっている．このとき

$$\boldsymbol{V} = \boldsymbol{U}\oplus\tilde{\boldsymbol{U}}$$

と書き，$\boldsymbol{V}$ は部分空間 $\boldsymbol{U}$ と $\tilde{\boldsymbol{U}}$ の**直和**であるという．

そこでいま示したことを，まとめて述べておこう．

（＃）　$\boldsymbol{V}$ の部分空間 $\boldsymbol{U}$ に対して，別の部分空間 $\tilde{\boldsymbol{U}}$ が存在して，$\boldsymbol{V}$ は $\boldsymbol{U}$ と $\tilde{\boldsymbol{U}}$ の直和として表わされる．

直和について次のことを示しておこう．

> $\boldsymbol{V} = \boldsymbol{U}\oplus\tilde{\boldsymbol{U}}$ のとき
>
> （i）　$\boldsymbol{V}$ の元 $\boldsymbol{x}$ はただ1通りに
>
> $$\boldsymbol{x} = \boldsymbol{u}+\tilde{\boldsymbol{u}},\quad \boldsymbol{u}\in\boldsymbol{U},\ \tilde{\boldsymbol{u}}\in\tilde{\boldsymbol{U}}$$
>
> と表わされる．
>
> （ii）　$\boldsymbol{U}\cap\tilde{\boldsymbol{U}} = \{0\}$

[証明]（i）　基底(1)を用いて

$$\boldsymbol{x} = \alpha_1\boldsymbol{e}_1+\cdots+\alpha_k\boldsymbol{e}_k+\beta_{k+1}\boldsymbol{e}_{k+1}+\cdots+\beta_n\boldsymbol{e}_n$$

と表わすと，この表わし方は1通りで，$\boldsymbol{u}=\alpha_1\boldsymbol{e}_1+\cdots+\alpha_k\boldsymbol{e}_k\in\boldsymbol{U}$，$\tilde{\boldsymbol{u}}=\beta_{k+1}\boldsymbol{e}_{k+1}+\cdots+\beta_n\boldsymbol{e}_n\in\tilde{\boldsymbol{U}}$ となっている．

（ii）　$\boldsymbol{x}\in\boldsymbol{U}\cap\tilde{\boldsymbol{U}}$ とすると

$$\boldsymbol{x} = \alpha_1\boldsymbol{e}_1+\cdots+\alpha_k\boldsymbol{e}_k \in \boldsymbol{U}$$

$$\boldsymbol{x} = \beta_{k+1}\boldsymbol{e}_{k+1}+\cdots+\beta_n\boldsymbol{e}_n \in \tilde{\boldsymbol{U}}$$

と表わされるが，これから

$$\mathbf{0} = \alpha_1 \boldsymbol{e}_1 + \cdots + \alpha_k \boldsymbol{e}_k - \beta_{k+1} \boldsymbol{e}_{k+1} - \cdots - \beta_n \boldsymbol{e}_n$$

となり，$\alpha_1 = \cdots = \alpha_k = \beta_{k+1} = \cdots = \beta_n = 0$，すなわち $\boldsymbol{x} = \mathbf{0}$ となることがわかる．　（証明終り）

いまは基底を用いて直和を定義したが，2つの部分空間 $\boldsymbol{U}$ と $\tilde{\boldsymbol{U}}$ で，（i），（ii）をみたす $\boldsymbol{V}$ の分解が与えられていればこれは直和となっている．そのことは $\boldsymbol{U}$ と $\tilde{\boldsymbol{U}}$ の基底をそれぞれ別々にとってみるとわかる．

線形写像

同型写像の定義から“1対1の上への写像”という条件を除くと，線形写像の定義が得られる．

> **定義**　ベクトル空間 $\boldsymbol{V}$ から $\boldsymbol{W}$ への写像 T が
>
> $$T(\boldsymbol{x}+\boldsymbol{y}) = T(\boldsymbol{x})+T(\boldsymbol{y}), \qquad T(\alpha\boldsymbol{x}) = \alpha T(\boldsymbol{x})$$
>
> をみたすとき，T を $\boldsymbol{V}$ から $\boldsymbol{W}$ への**線形写像**という．

T を線形写像とすると，$T(\mathbf{0}) = \mathbf{0}$，$T(-\boldsymbol{x}) = -T(\boldsymbol{x})$ である．このことは $T(\alpha\boldsymbol{x}) = \alpha T(\boldsymbol{x})$ で，それぞれ $\alpha = 0$，$\alpha = -1$ とおいてみるとわかる．

有限次元ベクトル空間の“構造”は次元によって完全に決まるが，$\boldsymbol{V}$ と $\boldsymbol{W}$ が有限次元のときは，線形写像もまた階数とよばれる整数の値によって，その“構造”が完全に決まってしまうのである．これは線形写像の基本定理である．このことをこれから説明しよう．そのためまず階数 r の線形写像の定義を与えておこう．

$\boldsymbol{V}$ と $\boldsymbol{W}$ は有限次元とし，

$$\dim \boldsymbol{V} = n, \qquad \dim \boldsymbol{W} = m$$

とする．$\boldsymbol{V}$ から $\boldsymbol{W}$ への線形写像 T に対して次の（a），（b），（c）の状況が成り立っているとしよう．

（a）　$\boldsymbol{V}$ と $\boldsymbol{W}$ に，それぞれ次元 r の部分空間 $\boldsymbol{U}$ と $\boldsymbol{S}$ があって，T を $\boldsymbol{U}$ 上だけで考えると，T は $\boldsymbol{U}$ から $\boldsymbol{S}$ への同型写像となって

いる．

（b）$\boldsymbol{V}$ に，次元 $n-r$ の部分空間 $\tilde{\boldsymbol{U}}$ があって，

$$\tilde{\boldsymbol{x}} \in \tilde{\boldsymbol{U}} \quad \text{ならば} \quad T(\tilde{\boldsymbol{x}}) = \boldsymbol{0}$$

（c）$\boldsymbol{V} = \boldsymbol{U} \oplus \tilde{\boldsymbol{U}}$

この(a)，(b)，(c)でいっていることは，下の図を見た方がわかりやすいだろう．要するに，$\boldsymbol{V}$ が次元 r と次元 $n-r$ の部分空間 $\boldsymbol{U}$ と $\tilde{\boldsymbol{U}}$ に直和分解し，T は $\boldsymbol{U}$ 上では同型写像となって，$\boldsymbol{U}$ を $\boldsymbol{S}$（$\subset \boldsymbol{W}$）の上にそのまま同型に移し，一方，$\tilde{\boldsymbol{U}}$ 上では，“零写像”となっているのである．

$$\begin{array}{ccccc} \boldsymbol{V} & = & \boldsymbol{U} & \oplus & \tilde{\boldsymbol{U}} \\ {\scriptstyle T}\downarrow & & {\scriptstyle \cong}\downarrow & & \downarrow \\ \boldsymbol{W} & \supset & \boldsymbol{S} & & \boldsymbol{0} \end{array}$$

具体的な例として，$\boldsymbol{R}^3$ から $\boldsymbol{R}^2$ への線形写像 $T(\boldsymbol{x}_1, \boldsymbol{x}_2, \boldsymbol{x}_3) = (\boldsymbol{x}_1, \boldsymbol{x}_2)$ を考えてみると，$\boldsymbol{R}^3$ は $(\boldsymbol{x}_1, \boldsymbol{x}_2, \boldsymbol{0})$ という元のつくる $\boldsymbol{U}$ と，$(0, 0, \boldsymbol{x}_3)$ という元のつくる $\tilde{\boldsymbol{U}}$ に分解し，$\boldsymbol{U} \cong \boldsymbol{R}^2$，$\tilde{\boldsymbol{U}} \xrightarrow{T} \boldsymbol{0}$ となる．

$$\begin{array}{ccccc} \boldsymbol{R}^3 & = & \boldsymbol{R}^2 & \oplus & \boldsymbol{R}^1 \\ {\scriptstyle T}\downarrow & & {\scriptstyle \cong}\downarrow & & \downarrow \\ \boldsymbol{R}^2 & = & \boldsymbol{R}^2 & & \boldsymbol{0} \end{array}$$

定義　線形写像 T が(a)，(b)，(c)をみたすとき，r を T の**階数**といい，また T を**階数 r の線形写像**という．

とくに $n=m=r$ のときには，上の(a)で $\boldsymbol{U}=\boldsymbol{V}$，$\boldsymbol{S}=\boldsymbol{W}$ となり，T は $\boldsymbol{V}$ から $\boldsymbol{W}$ への同型写像となっている．

なお(a)から階数 r は

$$0 \leqq r \leqq \mathrm{Min}(n, m)$$

をみたす自然数となっていることを注意しておこう．$r=0$ のときは $\boldsymbol{U}=\boldsymbol{S}=\{0\}$ のときで，このとき $\boldsymbol{W}=\tilde{\boldsymbol{U}}$ となり，T は $\boldsymbol{V}$ の元をすべて $\boldsymbol{W}$ の $\boldsymbol{0}$ へ移している．

線形写像の基本定理

次の定理は，有限次元の場合の線形写像の基本定理である．

> **定理**　有限次元のベクトル空間 $\boldsymbol{V}$ から $\boldsymbol{W}$ への線形写像は，適当な $\boldsymbol{r}$ をとると，階数 $\boldsymbol{r}$ の線形写像となる．

このことから，$\boldsymbol{V}$ から $\boldsymbol{W}$ への線形写像は，**本質的には階数 $\boldsymbol{r}$ で決まる**，といえるのである．この意味をこれから説明しよう．なお $\boldsymbol{r}$ のとり得る値は $r=0,1,2,\cdots,\mathrm{Min}(m,n)$ しかない．

いま，T と T_1 をともに階数 $\boldsymbol{r}$ の，$\boldsymbol{V}$ から $\boldsymbol{W}$ への線形写像とする．本質的に階数 $\boldsymbol{r}$ で決まると書いたのは，簡単にいうと，このとき $\boldsymbol{V}$ と $\boldsymbol{W}$ をそれぞれ適当に“鏡”(同型写像)で映してみると，線形写像 T は鏡の向こう側では T_1 になっているということである．そのことを説明するため，(a)，(b)，(c)で用いた記号を使って

$$T : \boldsymbol{U} \oplus \tilde{\boldsymbol{U}} \longrightarrow \boldsymbol{S} \subset \boldsymbol{W}\,; \qquad \boldsymbol{U} \cong \boldsymbol{S}, \quad \dim \boldsymbol{U} = r$$

$$T_1 : \boldsymbol{U}_1 \oplus \tilde{\boldsymbol{U}}_1 \longrightarrow \boldsymbol{S}_1 \subset \boldsymbol{W}\,; \quad \boldsymbol{U}_1 \cong \boldsymbol{S}_1, \ \dim \boldsymbol{U}_1 = r$$

と表わしておく．

まず $\dim \boldsymbol{U} = \dim \boldsymbol{U}_1$ に注意しよう．そうすると 34 頁の定理から，$\boldsymbol{U}$ から $\boldsymbol{U}_1$ への同型写像 φ が存在することがわかる．そこで

$$\begin{array}{ccc} \boldsymbol{U} & \xrightarrow[\cong]{T} & \boldsymbol{S} \\ {\scriptstyle\varphi}\downarrow{\scriptstyle\cong} & & \\ \boldsymbol{U}_1 & \xrightarrow[\cong]{T_1} & \boldsymbol{S}_1 \end{array}$$

を見ると，左側の同型写像 φ は，同型写像 T と T_1 で移すことにより，$\boldsymbol{S}$ から $\boldsymbol{S}_1$ への同型写像 ϕ を導くだろう．

実際，このような ϕ は，$\boldsymbol{S}$ の元 s を

$$s = T(u) \qquad (u \in \boldsymbol{U})$$

と表わしたとき，

$$\phi(s) = T_1(\varphi(u))$$

で定義されている．

このとき次頁の図で，矢印のどちらを回っても，$\boldsymbol{U}$ から斜め下

の $\boldsymbol{S}_1$ へ行く写像は同じものとなっていることがわかる．

$$\begin{array}{ccc} \boldsymbol{U} & \xrightarrow[\cong]{T} & \boldsymbol{S} \\ \varphi\downarrow\cong & & \cong\downarrow\phi \\ \boldsymbol{U}_1 & \xrightarrow[\cong]{T_1} & \boldsymbol{S}_1 \end{array}$$

そこで次に，37 頁の(＃)により適当な $\boldsymbol{W}$ の部分空間 $\tilde{\boldsymbol{S}}$ と $\tilde{\boldsymbol{S}}_1$ をとって，$\boldsymbol{W}$ を

$$\boldsymbol{W} = \boldsymbol{S}\oplus\tilde{\boldsymbol{S}}, \qquad \boldsymbol{W} = \boldsymbol{S}_1\oplus\tilde{\boldsymbol{S}}_1$$

と直和に分解する．記号が多くなってしまったから，下の図を見ながら考察を進めることにしよう．$\dim\tilde{\boldsymbol{U}}=\dim\tilde{\boldsymbol{U}}_1$，$\dim\tilde{\boldsymbol{S}}=\dim\tilde{\boldsymbol{S}}_1$ に注意すると，こんどは同型写像 $\tilde{\varphi}:\boldsymbol{U}\to\tilde{\boldsymbol{U}}_1$，$\tilde{\phi}:\tilde{\boldsymbol{S}}\to\tilde{\boldsymbol{S}}_1$ を 1 つとることができる．この同型写像は何でもよいから 1 つとって決めておく．そうすると私たちが構成したかった $\boldsymbol{V}$ を自分自身の上に映す“鏡”$\boldsymbol{\Phi}$ と，$\boldsymbol{W}$ を自分自身の上に映す“鏡”$\boldsymbol{\Psi}$ が得られるのである．

$$\begin{array}{ccccccc} \boldsymbol{V} = & \boldsymbol{U} & \oplus & \tilde{\boldsymbol{U}} & \xrightarrow{T} & \boldsymbol{W} = & \boldsymbol{S} & \oplus & \tilde{\boldsymbol{S}} \\ \boldsymbol{\Phi}\downarrow & \downarrow\varphi & & \downarrow\tilde{\varphi} & & \boldsymbol{\Psi}\downarrow & \downarrow\phi & & \downarrow\tilde{\phi} \\ \boldsymbol{V} = & \boldsymbol{U}_1 & \oplus & \tilde{\boldsymbol{U}}_1 & \xrightarrow{T_1} & \boldsymbol{W} = & \boldsymbol{S}_1 & \oplus & \tilde{\boldsymbol{S}}_1 \end{array}$$

すなわち，φ と $\tilde{\varphi}$ によって，$\boldsymbol{V}$ から $\boldsymbol{V}$ への同型写像 $\boldsymbol{\Phi}$ が得られ，ϕ と $\tilde{\phi}$ によって，$\boldsymbol{W}$ から $\boldsymbol{W}$ への同型写像 $\boldsymbol{\Psi}$ が得られた．$\tilde{\boldsymbol{U}},\tilde{\boldsymbol{U}}_1$ 上では T と T_1 はそれぞれ零写像であることに注意すると，上の図は $\boldsymbol{\Phi}$ と $\boldsymbol{\Psi}$ により，写像 $T:\boldsymbol{V}\to\boldsymbol{W}$ は，そっくりそのまま写像 $T_1:\boldsymbol{V}\to\boldsymbol{W}$ へと移されたことを示している．いいかえると，$\boldsymbol{\Phi}$ と $\boldsymbol{\Psi}$ で 2 枚の鏡をつくっておくと，T の姿は，この鏡で映すと，T_1 となって映し出されている．

その意味で，同じ階数をもつ“線形写像の構造”は本質的に同じものと考えてよいのである．T と T_1 が移り合う状況は，上の図を見ると

$$T_1\circ\boldsymbol{\Phi} = \boldsymbol{\Psi}\circ T$$

あるいは同じことであるが

$$T_1 = \boldsymbol{\Psi}\circ T\circ\boldsymbol{\Phi}^{-1}$$

と表わされることがわかる．

なお，T の階数と T_1 の階数が違うときは，決してこのような同型対応で移り合うことはないことを注意しておこう．

基本定理の証明

$\dim \boldsymbol{V}=n$，$\dim \boldsymbol{W}=m$ とし，$\boldsymbol{V}$ から $\boldsymbol{W}$ への線形写像 T が与えられたとしよう．このとき T の**像空間** $\mathrm{Im}\, T$ を

$$\mathrm{Im}\, T = \{\boldsymbol{y} \mid \boldsymbol{y} \in \boldsymbol{W},\ \text{ある}\ \boldsymbol{x} \in \boldsymbol{V}\ \text{で}\ \boldsymbol{y}=T(\boldsymbol{x})\ \text{となる}\}$$

とおく．$\mathrm{Im}\, T$ の Im は，像を意味する image の頭 2 字である．$\mathrm{Im}\, T$ は，T によって $\boldsymbol{V}$ の元が $\boldsymbol{W}$ へ移されたものの全体である．$\mathrm{Im}\, T$ を $T(\boldsymbol{V})$ と書いた方がわかりやすいかもしれない．

$\mathrm{Im}\, T$ は $\boldsymbol{W}$ の部分空間となる．実際，$\boldsymbol{y}_1, \boldsymbol{y}_2 \in \mathrm{Im}\, T$ とすると，ある $\boldsymbol{x}_1, \boldsymbol{x}_2 \in \boldsymbol{V}$ があって $\boldsymbol{y}_1=T(\boldsymbol{x}_1), \boldsymbol{y}_2=T(\boldsymbol{x}_2)$ となる．したがって T の線形性によって

$$\begin{aligned}\alpha\boldsymbol{y}_1+\beta\boldsymbol{y}_2 &= \alpha T(\boldsymbol{x}_1)+\beta T(\boldsymbol{x}_2)\\ &= T(\alpha\boldsymbol{x}_1+\beta\boldsymbol{x}_2)\end{aligned}$$

となり，$\alpha\boldsymbol{y}_1+\beta\boldsymbol{y}_2 \in \mathrm{Im}\, T$ となるからである．

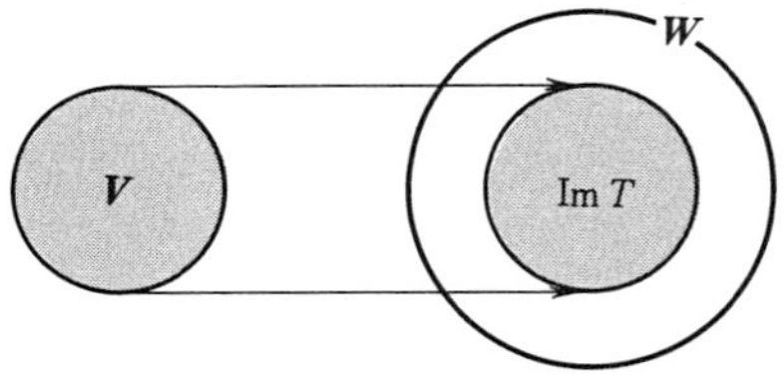

そこで

$$r = \dim \mathrm{Im}\, T$$

とおく．私たちは，T が階数 r の線形写像であることを証明しよう．

そのため次に T の**核** $\mathrm{Ker}\, T$ を

$$\mathrm{Ker}\, T = \{\boldsymbol{x} \mid \boldsymbol{x} \in \boldsymbol{V},\ T(\boldsymbol{x})=\boldsymbol{0}\}$$

とおく．$\mathrm{Ker}\, T$ の Ker は，kernel の頭 3 字である．

♣ kernel は英和辞典を引いてみると，古期英語の「種・実」の意味からきた単語という．ウメ，モモなどの果実の核にある種子をいうとある．

Ker T は $\boldsymbol{V}$ の部分空間となる．実際，$\boldsymbol{x}_1, \boldsymbol{x}_2 \in \mathrm{Ker}\, T$ とすると，$T(\alpha\boldsymbol{x}_1+\beta\boldsymbol{x}_2)=\alpha T(\boldsymbol{x}_1)+\beta T(\boldsymbol{x}_2)=\boldsymbol{0}$ となり，$\alpha\boldsymbol{x}_1+\beta\boldsymbol{x}_2 \in \mathrm{Ker}\, T$ となることがわかるからである．

$\boldsymbol{V}$ の適当な部分空間 $\boldsymbol{U}$ をとると，$\boldsymbol{V}$ は

$$\boldsymbol{V} = \boldsymbol{U} \oplus \mathrm{Ker}\, T \tag{3}$$

と直和として表わされる．このような $\boldsymbol{U}$ を1つ決めて考えることにする．$\boldsymbol{U}$ の基底を

$$\{\boldsymbol{e}_1, \boldsymbol{e}_2, \cdots, \boldsymbol{e}_s\} \qquad (s=\dim \boldsymbol{U})$$

とし，Ker T の基底を

$$\{\tilde{\boldsymbol{e}}_{s+1}, \tilde{\boldsymbol{e}}_{s+2}, \cdots, \tilde{\boldsymbol{e}}_n\} \qquad (n-s=\dim \mathrm{Ker}\, T)$$

とすると，$\boldsymbol{V}$ の基底は

$$\{\boldsymbol{e}_1, \boldsymbol{e}_2, \cdots, \boldsymbol{e}_s, \tilde{\boldsymbol{e}}_{s+1}, \tilde{\boldsymbol{e}}_{s+2}, \cdots, \tilde{\boldsymbol{e}}_n\}$$

で与えられることになる．

$\boldsymbol{V}$ の元 $\boldsymbol{x}$ を

$$\boldsymbol{x} = \alpha_1\boldsymbol{e}_1+\alpha_2\boldsymbol{e}_2+\cdots+\alpha_s\boldsymbol{e}_s+\beta_{s+1}\tilde{\boldsymbol{e}}_{s+1}+\cdots+\beta_n\tilde{\boldsymbol{e}}_n$$

と表わすと，$T(\tilde{\boldsymbol{e}}_i)=\boldsymbol{0}\ (s+1 \leqq i \leqq n)$ だから

$$T(\boldsymbol{x}) = T(\alpha_1\boldsymbol{e}_1+\alpha_2\boldsymbol{e}_2+\cdots+\alpha_s\boldsymbol{e}_s) \tag{4}$$

となる．このことは，Im T の元は，$\boldsymbol{U}$ の元の像として得られることを示している：Im $T=T(\boldsymbol{U})$．いま

$$\boldsymbol{f}_1 = T(\boldsymbol{e}_1),\ \boldsymbol{f}_2 = T(\boldsymbol{e}_2),\ \cdots, \boldsymbol{f}_s = T(\boldsymbol{e}_s)$$

とおくと，Im T の元 $\boldsymbol{y}$ は，(4)から $\boldsymbol{f}_1, \boldsymbol{f}_2, \cdots, \boldsymbol{f}_s$ の1次結合として

$$\boldsymbol{y} = \alpha_1\boldsymbol{f}_1+\alpha_2\boldsymbol{f}_2+\cdots+\alpha_s\boldsymbol{f}_s \tag{5}$$

と表わされることになる．

ところが $\{\boldsymbol{f}_1, \boldsymbol{f}_2, \cdots, \boldsymbol{f}_s\}$ は1次独立なのである．そのことは次のようにしてわかる．

$$\gamma_1\boldsymbol{f}_1+\gamma_2\boldsymbol{f}_2+\cdots+\gamma_s\boldsymbol{f}_s = \boldsymbol{0}$$

という関係が成り立ったとすると，$\boldsymbol{f}_i$ を $T(\boldsymbol{e}_i)$ におきかえて

$$\begin{aligned}&\gamma_1T(\boldsymbol{e}_1)+\gamma_2T(\boldsymbol{e}_2)+\cdots+\gamma_sT(\boldsymbol{e}_s)\\ &\quad = T(\gamma_1\boldsymbol{e}_1+\gamma_2\boldsymbol{e}_2+\cdots+\gamma_s\boldsymbol{e}_s) = \boldsymbol{0}\end{aligned}$$

となり，したがって

$$\gamma_1\boldsymbol{e}_1+\gamma_2\boldsymbol{e}_2+\cdots+\gamma_s\boldsymbol{e}_s \in \mathrm{Ker}\, T$$

である．一方，$\gamma_1 \boldsymbol{e}_1+\gamma_2 \boldsymbol{e}_2+\cdots+\gamma_s \boldsymbol{e}_s \in \boldsymbol{U}$ だから，(3)と直和の性質(ii)(37 頁)によって

$$\gamma_1 \boldsymbol{e}_1+\gamma_2 \boldsymbol{e}_2+\cdots+\gamma_s \boldsymbol{e}_s = \boldsymbol{0}$$

となる．$\{\boldsymbol{e}_1, \boldsymbol{e}_2, \cdots, \boldsymbol{e}_s\}$ は 1 次独立だったから，これから $\gamma_1=\gamma_2=\cdots=\gamma_s=0$ が得られる．これで $\{\boldsymbol{f}_1, \boldsymbol{f}_2, \cdots, \boldsymbol{f}_s\}$ が 1 次独立であることがわかった．

したがって(5)を参照すると，$\{\boldsymbol{f}_1, \boldsymbol{f}_2, \cdots, \boldsymbol{f}_s\}$ が $\mathrm{Im}\, T$ の基底を与えることがわかる．とくに

$$s = r \quad (=\dim \mathrm{Im}\, T)$$

である．したがってまた $\dim \boldsymbol{U}=r$ である．T は $\boldsymbol{U}$ の基底 $\{\boldsymbol{e}_1, \boldsymbol{e}_2, \cdots, \boldsymbol{e}_r\}$ を $\mathrm{Im}\, T$ の基底 $\{\boldsymbol{f}_1, \boldsymbol{f}_2, \cdots, \boldsymbol{f}_r\}$ へ移しているから，$\boldsymbol{U}$ から $\mathrm{Im}\, T$ への同型対応となっている．

結局

$$\boldsymbol{V} = \boldsymbol{U} \oplus \mathrm{Ker}\, T$$

と直和分解され，T は $\boldsymbol{U}$ を $\mathrm{Im}\, T$ に同型に移し，$\mathrm{Ker}\, T$ を $\boldsymbol{0}$ に移すことがわかった．このことは，T が階数 r の線形写像であることを示している．（証明終り）

この結果は，$\boldsymbol{W}$ の方も $\boldsymbol{W}=\mathrm{Im}\, T \oplus \tilde{\boldsymbol{S}}$ と直和で表わし，$\boldsymbol{V}$ と $\boldsymbol{W}$ を対応する形で

$$\boldsymbol{V} = \boldsymbol{U} \oplus \mathrm{Ker}\, T, \qquad \boldsymbol{W} = \mathrm{Im}\, T \oplus \tilde{\boldsymbol{S}} \tag{6}$$

と表わしておいた方が見やすいかもしれない．$\boldsymbol{U} \cong \mathrm{Im}\, T$ である．

なお，階数 r は $\dim \mathrm{Ker}\, T$, $\dim \mathrm{Im}\, T$ と次の関係で結ばれていることに注意しておこう

$$\dim \mathrm{Ker}\, T = n-r, \qquad \dim \mathrm{Im}\, T = r \tag{7}$$

($n=\dim \boldsymbol{V}$)．あるいはこの関係は

$$\dim \mathrm{Ker}\, T + \dim \mathrm{Im}\, T = n$$

と書いた方が簡明でわかりやすいかもしれない．

線形写像の行列表示

線形写像の行列表示についてごく簡単に触れておこう．行列表示が有効なのは，有限次元の場合である．n 次元ベクトル空間 $\boldsymbol{V}$ から m 次元ベクトル空間 $\boldsymbol{W}$ への線形写像 T は，$\boldsymbol{V}$ の基底 $\{\boldsymbol{e}_1, \boldsymbol{e}_2, \cdots, \boldsymbol{e}_n\}$，$\boldsymbol{W}$ の基底 $\{\boldsymbol{f}_1, \boldsymbol{f}_2, \cdots, \boldsymbol{f}_m\}$ を1つ固定しておくことにより，(m, n) 行列 A によって表わされるのである．

それは次のような考えにしたがって行なわれる．

$\boldsymbol{V}$ の元 $\boldsymbol{x}$ を基底 $\{\boldsymbol{e}_1, \boldsymbol{e}_2, \cdots, \boldsymbol{e}_n\}$ を用いて

$$\boldsymbol{x} = a_1\boldsymbol{e}_1 + a_2\boldsymbol{e}_2 + \cdots + a_n\boldsymbol{e}_n$$

と表わすと，T の線形性により

$$T(\boldsymbol{x}) = a_1T(\boldsymbol{e}_1) + a_2T(\boldsymbol{e}_2) + \cdots + a_nT(\boldsymbol{e}_n)$$

となる．したがって $\boldsymbol{e}_1, \boldsymbol{e}_2, \cdots, \boldsymbol{e}_n$ の行く先 $T(\boldsymbol{e}_1), T(\boldsymbol{e}_2), \cdots, T(\boldsymbol{e}_n)$ が決まると，すべての $\boldsymbol{x} \in \boldsymbol{V}$ に対し，$T(\boldsymbol{x})$ が決まることになる．したがって，$\boldsymbol{W}$ の基底 $\{\boldsymbol{f}_1, \boldsymbol{f}_2, \cdots, \boldsymbol{f}_m\}$ を用いて

$$\begin{aligned} T(\boldsymbol{e}_1) &= a_{11}\boldsymbol{f}_1 + a_{21}\boldsymbol{f}_2 + \cdots + a_{m1}\boldsymbol{f}_m \\ T(\boldsymbol{e}_2) &= a_{12}\boldsymbol{f}_1 + a_{22}\boldsymbol{f}_2 + \cdots + a_{m2}\boldsymbol{f}_m \\ &\cdots\cdots\cdots\cdots\cdots\cdots \\ T(\boldsymbol{e}_n) &= a_{1n}\boldsymbol{f}_1 + a_{2n}\boldsymbol{f}_2 + \cdots + a_{mn}\boldsymbol{f}_m \end{aligned}$$

と書くと，結局この mn 個の係数 a_{ij} $(i=1, \cdots, m\ ;\ j=1, 2, \cdots, n)$ が，線形写像 T を決めることになる．この mn 個の数 a_{ij} を

$$A = \begin{pmatrix} a_{11} & a_{12} & \cdots & a_{1n} \\ a_{21} & a_{22} & \cdots & a_{2n} \\ \cdots & \cdots & \cdots & \cdots \\ a_{m1} & a_{m2} & \cdots & a_{mn} \end{pmatrix}$$

と配列して表わしたものを，**線形写像 T を表わす行列**というのである．

この行列表現を用いて線形写像 T の性質を調べるときには，基底 $\{\boldsymbol{e}_1, \boldsymbol{e}_2, \cdots, \boldsymbol{e}_n\}, \{\boldsymbol{f}_1, \boldsymbol{f}_2, \cdots, \boldsymbol{f}_m\}$ が自然に引き起こす同型写像 $\boldsymbol{V} \cong \boldsymbol{R}^n, \boldsymbol{W} \cong \boldsymbol{R}^m$ を用いて，T は $\boldsymbol{R}^n$ から $\boldsymbol{R}^m$ への線形写像であると考

えて調べることになる．すなわち，この同型写像を

$$V \ni \boldsymbol{x} = a_1\boldsymbol{e}_1 + a_2\boldsymbol{e}_2 + \cdots + a_n\boldsymbol{e}_n \longrightarrow \begin{pmatrix} a_1 \\ a_2 \\ \vdots \\ a_n \end{pmatrix} \in \boldsymbol{R}^n$$

$$W \ni \boldsymbol{y} = b_1\boldsymbol{f}_1 + b_2\boldsymbol{f}_2 + \cdots + \boldsymbol{b}_m f_m \longrightarrow \begin{pmatrix} b_1 \\ b_2 \\ \vdots \\ b_m \end{pmatrix} \in \boldsymbol{R}^m$$

と表わすと（$\boldsymbol{R}^n, \boldsymbol{R}^m$ のベクトルは“たてベクトル”として表示している），$\boldsymbol{y} = T(\boldsymbol{x})$ は行列 A を用いて

$$\begin{pmatrix} b_1 \\ b_2 \\ \vdots \\ b_m \end{pmatrix} = \begin{pmatrix} a_{11} & a_{12} & \cdots & a_{1n} \\ a_{21} & a_{22} & \cdots & a_{2n} \\ \cdots & \cdots & \cdots & \cdots \\ a_{m1} & a_{m2} & \cdots & a_{mn} \end{pmatrix} \begin{pmatrix} a_1 \\ a_2 \\ \vdots \\ a_n \end{pmatrix}$$

と表わされる．この右辺はよく知られているように

$$b_i = \sum_{j=1}^{n} a_{ij} a_j$$

という関係を表わしている．この右辺のかけ算の規則は，一般の行列のかけ算の規則にしたがって，(m, n) 行列 A と $(n, 1)$ 行列 $\begin{pmatrix} a_1 \\ \vdots \\ a_n \end{pmatrix}$ をかけたものであるとみることもできる．

♣　一般に (l, m) 行列 A と (m, n) 行列 B との積は，(l, n) 行列 C となる：$AB = C$．積の規則は次のように与えられる．

$$A = \begin{pmatrix} a_{11} & \cdots & a_{1m} \\ \cdots & \cdots & \cdots \\ a_{l1} & \cdots & a_{lm} \end{pmatrix}, \quad B = \begin{pmatrix} b_{11} & \cdots & b_{1n} \\ \cdots & \cdots & \cdots \\ b_{m1} & \cdots & b_{mn} \end{pmatrix}, \quad C = \begin{pmatrix} c_{11} & \cdots & c_{1n} \\ \cdots & \cdots & \cdots \\ c_{l1} & \cdots & c_{ln} \end{pmatrix}$$

とすると

$$c_{ij} = \sum_{k=1}^{m} a_{ik} b_{kj} \qquad (i = 1, \cdots, l\ ;\ j = 1, \cdots, n)$$

この行列の積は，行列 A の表わす線形写像を S，行列 B の表わす線形写像を T とすると，AB は合成写像 $S \circ T$ を表わす行列ということになっ

ている．

このようにして，抽象的な概念であった線形写像は，行列を通して，具体的な数の世界へと表現されていくのである．

歴史の潮騒

今日述べたような線形写像の取扱いは，線形構造だけに注目したものであって，このような抽象的な理論構成はもちろん現代的なものである．“線形写像の基本定理”として述べたものも，改めて見直してみると，線形写像のもつ定性的な性質は，このような述べ方によってよく捉えられたとしても，線形写像が具体的に1つ与えられたとき，その階数をどのようにして求めたらよいのかなどということは，この定理の中では1つも述べられていない．線形写像 T が与えられたとき，$\dim \mathrm{Ker}\, T$ や，また $\mathrm{Ker}\, T$，$\mathrm{Im}\, T$ の具体的な表示を求めることができるようなアルゴリズムがなければ，この定理の実効性は乏しいだろう．もし読者の中に，“線形写像の基本定理”から何か縹渺としたものを感取された方がおられるとしたら，それはこのような点を明らかにしなかったことに起因している．（このような点を明らかにすることは，実は行列と行列式の理論で1つの主要なテーマになっている．）大体，私たちは線形写像とはどのように表わされるものなのかということも，最初に取り上げはしなかったのである．

20世紀の数学，とくに20世紀初頭から30年代まで強い勢いで駆け抜けた数学の“抽象化”の嵐の中で，数学者は数学の働きの中にある基本的な性質を，“構造”の基盤として据え，その上に完全に充足した体系をつくろうと試みた．その試みは，たとえばここで見たような，線形写像の基本定理のような定式化を生んだ．しかし，この定理を広く適用するためには，線形写像を行列で表現したとき，この行列からどのように階数を求めるか，といったことが十分わからなくてはいけないだろう．それは“抽象化”という動きとは本来別のものであって，広い意味での抽象数学の“表現論”というべきものである．

線形写像の歴史は，行列の歴史そのものである．月曜日にも述べたように，n 次元空間の表象は，ケーリーにより $\boldsymbol{R}^n$ で与えられたから，線形写像は，$\boldsymbol{R}^n$ から $\boldsymbol{R}^m$ への線形写像という観点でずっと取り扱われてきたのである．数学の歴史にとっては，このような“多変量”をどのように表わすかということはむずかしい問題であった．これに対し行列という表示を最初に獲得したのは，1856 年のケーリーの論文においてであるといわれている．$\boldsymbol{R}^n$ から $\boldsymbol{R}^m$ への線形写像 S，$\boldsymbol{R}^m$ から $\boldsymbol{R}^l$ への線形写像 T が与えられると，合成写像 $T\circ S$ は $\boldsymbol{R}^n$ から $\boldsymbol{R}^l$ への線形写像となる．S と T を表わす行列をそれぞれ A, B とすると，$T\circ S$ は行列の積 BA で表わされる．ケーリーの論文には，正方行列の場合に，行列の和と積が導入されている．

しかし実際は，行列の理論は線形写像を表わすという観点よりは，2 次形式

$$\sum_{i,j=1}^{n} a_{ij}x_i x_j \qquad (a_{ij}=a_{ji})$$

の標準化の理論を，行列 (a_{ij}) を通して調べるという代数的観点を通してまず発達した．すでに 1840 年代から，この方向から，アイゼンシュタイン，エルミート，スミス，ジョルダン，シルベスター等によって研究が進められていた．1868 年に，ワイエルシュトラスが単因子論とよばれるものによって，正方行列の標準化の理論を完成した．

行列論は，単に 2 次形式論だけではなく，行列式と関係して連立方程式の解法と結びつき，また終結式の理論は代数幾何学にも応用されたのである．このような土壌の中で 19 世紀後半から育てられた行列論が，1930 年頃にはどのような姿をとったかは，ちょうど 1930 年に発刊された古典的名著，高木貞治『代数学講義』(共立出版)の第 8 章から第 10 章までを見るとわかる．そこに述べられている行列式と行列の理論は，ケーリー以来約 70 年間を通して達成さ

れた豊かな実りの一端を示すものであったが，その後わずか30年の間にこれらの理論を見る視点が変わり，1960年代になると“線形代数”の名のもとで，大学の教養課程の講義に行列が取り入れられ，広く一般化するようになってしまった．まことに隔世の感があるといってよいのだろう．

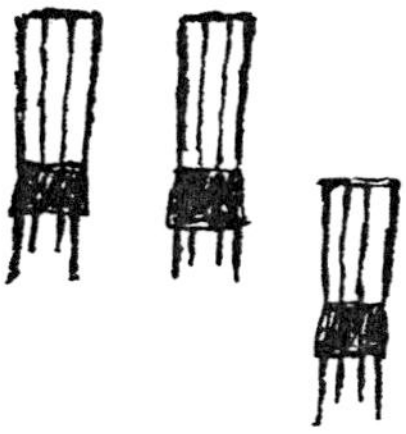

先生との対話

先生は

「線形写像の基本定理を少し別の眼で見直しましょうか．」

といわれて，黒板に

$$\boldsymbol{V} \xrightarrow{T} \boldsymbol{W}$$

（i）どんな $\boldsymbol{y} \in \boldsymbol{W}$ をとれば，$T(\boldsymbol{x})=\boldsymbol{y}$ となる $\boldsymbol{x}$ はあるか．

（ii）$T(\boldsymbol{x})=\boldsymbol{y}$ となる $\boldsymbol{x}$ があったとき，そのような $\boldsymbol{x}$ はどれだけあるか．

と書かれた．

「このことは，T の階数を r とし，線形写像の基本定理を，(6) のように $\boldsymbol{V}$ と $\boldsymbol{W}$ を直和分解して

$$\boldsymbol{V} = \boldsymbol{U} \oplus \mathrm{Ker}\, T, \qquad \boldsymbol{W} = \mathrm{Im}\, T \oplus \tilde{\boldsymbol{S}}$$

と表わし，

$$T : \boldsymbol{U} \cong \mathrm{Im}\, T, \qquad \dim \mathrm{Im}\, T = r$$

と書いてみるとすぐわかることですが，どうですか．」

と聞かれた．

明子さんが

「この表わし方を使ってよければ(i)の方はすぐにわかります．

$$T(\boldsymbol{x}) = \boldsymbol{y}$$

となる $\boldsymbol{x}$ が存在するための必要十分条件は $\boldsymbol{y} \in \mathrm{Im}\, T$ です．」

小林君が

「それは $\boldsymbol{y} \notin \tilde{\boldsymbol{S}}$ といっても同じことなのかな？」

と小声で疑問を投げかけた．先生は小林君のいっていることも聞き

とれたようですぐにそのことに答えられた．

「明子さんのいったことはその通りで，(i)は Im T の定義を聞いているようなものですね．小林君が疑問に思ったことは，よく間違えることなので注意しておきましょう．$\boldsymbol{y}\notin\tilde{\boldsymbol{S}}$ といっても，それは $\boldsymbol{y}$ が $\tilde{\boldsymbol{S}}$ からはみ出していること，いいかえると

$$\boldsymbol{y} = \boldsymbol{y}_1+\boldsymbol{y}_2, \quad \boldsymbol{y}_1\in \mathrm{Im}\, T, \quad \boldsymbol{y}_2\in\tilde{\boldsymbol{S}}$$

で，$\boldsymbol{y}_1\neq\boldsymbol{0}$ といっているにすぎません．ですから，$\boldsymbol{y}\notin\tilde{\boldsymbol{S}}$ ということは，$\boldsymbol{y}\in\mathrm{Im}\,T$ ということを必ずしも意味していないのです．」

小林君と同じように考えた人が多かったのか，教室のあちこちから，そうか，そうかという声が聞えてきた．

かず子さんが，(ii)について考えていたことを話しはじめた．

「(ii)の方は，“どれだけあるか”ということをどのようにいってよいのかよくわかりませんので，説明のために Ker T の基底 $\{\tilde{\boldsymbol{e}}_{r+1},\tilde{\boldsymbol{e}}_{r+2},\cdots,\tilde{\boldsymbol{e}}_n\}$ をとってみました．dim Ker $T=n-r$ でしたから，基底の番号のつけ方はこれでよいと思います．いま $\boldsymbol{y}_0\in\mathrm{Im}\,T$ とします．T は $\boldsymbol{U}$ から Im T への同型対応を与えていますから

$$T(\boldsymbol{x}_0) = \boldsymbol{y}_0$$

となる $\boldsymbol{x}_0\in\boldsymbol{U}$ が，ちょうど1つだけあることになります．でも，この $\boldsymbol{x}_0$ に Ker T の元 $\boldsymbol{x}_1=a_{r+1}\tilde{\boldsymbol{e}}_{r+1}+a_{r+2}\tilde{\boldsymbol{e}}_{r+2}+\cdots+a_n\tilde{\boldsymbol{e}}_n$ を足して

$$\boldsymbol{x} = \boldsymbol{x}_0+\boldsymbol{x}_1 = \boldsymbol{x}_0+a_{r+1}\tilde{\boldsymbol{e}}_{r+1}+a_{r+2}\tilde{\boldsymbol{e}}_{r+2}+\cdots+a_n\tilde{\boldsymbol{e}}_n \qquad (8)$$

としても，やはり $T(\boldsymbol{x})=\boldsymbol{y}_0$ となってしまいます．

逆に，$\boldsymbol{x}\in\boldsymbol{V}$ が

$$T(\boldsymbol{x}) = T(\boldsymbol{x}_0) = \boldsymbol{y}_0$$

をみたしていると，$T(\boldsymbol{x}-\boldsymbol{x}_0)=T(\boldsymbol{x})-T(\boldsymbol{x}_0)=\boldsymbol{y}_0-\boldsymbol{y}_0=\boldsymbol{0}$ ですから $\boldsymbol{x}-\boldsymbol{x}_0\in\mathrm{Ker}\,T$ となり，$\boldsymbol{x}$ は

$$\boldsymbol{x} = \boldsymbol{x}_0+\boldsymbol{x}_1, \quad \boldsymbol{x}_1\in\mathrm{Ker}\,T$$

と表わされます．

ですから(ii)の答としては，$T(\boldsymbol{x})=\boldsymbol{y}_0$ となる $\boldsymbol{x}$ は，いつも(8)のように表わされることになりますが，これでよいのでしょうか．」

「それでよいのです．(i)と(ii)の結果をまとめると，$T(\boldsymbol{x})=\boldsymbol{y}$ となる $\boldsymbol{x}$ があるのは，$\boldsymbol{y}\in\mathrm{Im}\,T$ のときで，そのとき解は Ker T だけ

の自由度をもつということがあります．あるいは(8)の書き方にしたがって，$\boldsymbol{n}-\boldsymbol{r}$ 個のパラメータ $a_{r+1}, a_{r+2}, \cdots, a_n$ だけ自由度があるということもあります．一時代前は，∞^{n-r} 個の自由度があると書き表わすことも多かったようです．」

そこで先生は一息入れて，ゆっくりとした調子で質問された．

「それでは

$$T(\boldsymbol{x}) = \boldsymbol{y}$$

をみたす $\boldsymbol{x}$ が，**どんな $\boldsymbol{y}$ に対してもただ 1 つ決まる**という場合はどんなときでしょうか．」

道子さんがすぐに手を上げた．

「それは Ker $T=\{\mathbf{0}\}$，$\tilde{\boldsymbol{S}}=\{\mathbf{0}\}$ のときで，したがって T が $\boldsymbol{V}$（$=\boldsymbol{U}$）から $\boldsymbol{W}$（$=\mathrm{Im}\,T$）への同型写像を与えているときです．えーと，だから，$\dim \boldsymbol{V}=\dim \boldsymbol{W}=n$ で T が階数 n の線形写像のときといってもいいわけですね．」

山田君がノートに何か書いていたが，それを見ながら質問した．

「線形写像 T を行列を使って書くと，$T(\boldsymbol{x})=\boldsymbol{y}$ は

$$\begin{pmatrix} a_{11} & a_{12} & \cdots & a_{1n} \\ a_{21} & a_{22} & \cdots & a_{2n} \\ \cdots & \cdots & \cdots & \cdots \\ a_{m1} & a_{m2} & \cdots & a_{mn} \end{pmatrix} \begin{pmatrix} x_1 \\ x_2 \\ \vdots \\ x_n \end{pmatrix} = \begin{pmatrix} y_1 \\ y_2 \\ \vdots \\ y_m \end{pmatrix}$$

と表わされます．これは各成分にわけて書くと，連立方程式の形となって

$$\begin{aligned} a_{11}x_1+a_{12}x_2+\cdots+a_{1n}x_n &= y_1 \\ a_{21}x_1+a_{22}x_2+\cdots+a_{2n}x_n &= y_2 \\ \cdots\cdots\cdots\cdots\cdots\cdots & \\ a_{m1}x_1+a_{m2}x_2+\cdots+a_{mn}x_n &= y_m \end{aligned}$$

となります．先生が最初に黒板に書かれたことは，このように書き直してみると，$y_1, y_2, \cdots, y_m$ が与えられたとき，未知数 $x_1, x_2, \cdots, x_n$ に関するこの連立方程式の解はいつあるのか，またそのとき解はどれだけあるのかと聞いていることになりますね．」

「そうなのです．最初に黒板に書いたことを，このように連立方

程式の問題とすると，いま明子さんやかず子さんの話した状況を，かんたんに捉えて，方程式の枠の中で述べることはなかなかむずかしいことになってくるのです．係数のつくる行列の中から，どうやって階数を見出すのか，またその階数がどうして“解の個数”と関係するのかを知るには，実際連立方程式を解いてみて，その解を求めるプロセスの中から答を探し求めていくことになります．そこに行列と行列式の深いかかわりが出てきて，それが以前は行列式論の主要な1つのテーマとなっていたのでした．興味があったら，行列式のことを少し詳しく書いてある本を読んでみるとよいでしょう．」

問　　題

［1］ 定数と1次式のつくるベクトル空間 $P_1(\boldsymbol{R})=\{a+bx \mid a, b\in\boldsymbol{R}\}$ に対し，$\Phi(a+bx)=(a+b, a-b)$ とおくと，Φ は $P_1(\boldsymbol{R})$ から $\boldsymbol{R}^2$ への同型写像を与えていることを示しなさい．

［2］ 4次以下の整式のつくるベクトル空間 $P_4(\boldsymbol{R})$ から $\boldsymbol{R}^4$ への線形写像 T を次のように定義する：

$$T(a_0+a_1x+a_2x^2+a_3x^3+a_4x^4) = (a_0, a_2, 0, a_4)$$

このとき，T の階数と，$\mathrm{Im}\, T$, $\mathrm{Ker}\, T$ を求めなさい．

［3］ ベクトル空間 $\boldsymbol{V}$ の2つの部分空間を $\boldsymbol{U}$, $\boldsymbol{W}$ とし，$\dim \boldsymbol{U}=s$, $\dim \boldsymbol{W}=t$ とする．

（1） $\boldsymbol{U}\times\boldsymbol{W}=\{(\boldsymbol{u}, \boldsymbol{w}) \mid \boldsymbol{u}\in\boldsymbol{U}, \boldsymbol{w}\in\boldsymbol{W}\}$ とし，和：$(\boldsymbol{u}, \boldsymbol{w})+(\boldsymbol{u}', \boldsymbol{w}')=(\boldsymbol{u}+\boldsymbol{u}', \boldsymbol{w}+\boldsymbol{w}')$，スカラー倍：$\alpha(\boldsymbol{u}, \boldsymbol{w})=(\alpha\boldsymbol{u}, \alpha\boldsymbol{w})$ と定義すると，$\boldsymbol{U}\times\boldsymbol{W}$ は $\dim(\boldsymbol{U}\times\boldsymbol{W})=s+t$ のベクトル空間となることを示しなさい．

（2） $\boldsymbol{V}$ の中で $\boldsymbol{u}+\boldsymbol{w}$ $(\boldsymbol{u}\in\boldsymbol{U}, \boldsymbol{w}\in\boldsymbol{W})$ と表わされる元全体は $\boldsymbol{V}$ の部分空間 $\boldsymbol{U}+\boldsymbol{W}$ をつくることを示しなさい．

（3） $\boldsymbol{U}\times\boldsymbol{W}$ から $\boldsymbol{U}+\boldsymbol{W}$ への線形写像 T を

$$T(\boldsymbol{u}, \boldsymbol{w}) = \boldsymbol{u}-\boldsymbol{w}$$

と定義するとき，$\mathrm{Ker}\, T$ を求めなさい．

（4） $\boldsymbol{U}$ と $\boldsymbol{W}$ に共通に含まれる元全体は $\boldsymbol{V}$ の部分空間をつくることを

示し

$$\dim(\boldsymbol{U}+\boldsymbol{V})+\dim(\boldsymbol{U}\cap\boldsymbol{V}) = \dim\boldsymbol{U}+\dim\boldsymbol{V}$$

の関係が成り立つことを示しなさい．

お茶の時間

質問　線形写像の基本定理は，行列の定理としていい表わすことができるのですか．もしできるとしたら，それはどんな形の定理となるのですか．

答　行列は，線形写像を表現する1つの形式なのだから，線形写像として成り立つ定理は，すべて行列に関する定理としていい直すことができる．線形写像の基本定理も，もちろん行列に関する定理として述べることができるが，そのためには基底変換の公式というものが必要になる．そのことをまず述べておこう．$\boldsymbol{V}$ から $\boldsymbol{W}$ への線形写像 T は，$\boldsymbol{V}$ の基底 $\{\boldsymbol{e}_1, \boldsymbol{e}_2, \cdots, \boldsymbol{e}_n\}$，$\boldsymbol{W}$ の基底 $\{\boldsymbol{f}_1, \boldsymbol{f}_2, \cdots, \boldsymbol{f}_m\}$ をとることによって，(m, n) 行列 A で表わされているとしよう．いま $\boldsymbol{V}$ の基底を $\{\boldsymbol{e}_1, \boldsymbol{e}_2, \cdots, \boldsymbol{e}_n\}$ から $\{\boldsymbol{e}_1', \boldsymbol{e}_2', \cdots, \boldsymbol{e}_n'\}$ に変え，$\boldsymbol{W}$ の基底 $\{\boldsymbol{f}_1, \boldsymbol{f}_2, \cdots, \boldsymbol{f}_m\}$ を $\{\boldsymbol{f}_1', \boldsymbol{f}_2', \cdots, \boldsymbol{f}_m'\}$ に変える．この新しい基底で線形写像 T を表わした行列を B とする．このとき，2つの行列 A と B の関係を与える公式を**基底変換の公式**という．それは

$$B = Q^{-1}AP$$

と表わされる．ここで P, Q はそれぞれ新しい基底を古い基底で

$$\boldsymbol{e}_j' = \sum_{i=1}^{n} p_{ij}\boldsymbol{e}_i, \qquad \boldsymbol{f}_l' = \sum_{k=1}^{m} q_{kl}\boldsymbol{f}_k$$

と表わしたとき得られる行列

$$P = \begin{pmatrix} p_{11} & p_{12} & \cdots & p_{1n} \\ p_{21} & p_{22} & \cdots & p_{2n} \\ \cdots & \cdots & \cdots & \cdots \\ p_{n1} & p_{n2} & \cdots & p_{nn} \end{pmatrix}, \qquad Q = \begin{pmatrix} q_{11} & q_{12} & \cdots & q_{1m} \\ q_{21} & q_{22} & \cdots & q_{2m} \\ \cdots & \cdots & \cdots & \cdots \\ q_{m1} & q_{m2} & \cdots & q_{mm} \end{pmatrix}$$

である．P は n 次，Q は m 次の正則行列である．

さて，線形写像の基本定理は，この結果を使うと，次のように行

列の基本定理として述べることができる．

A を (m,n) 行列とする．A は $\boldsymbol{R}^n$ から $\boldsymbol{R}^m$ への線形写像 T を与えていると考えることができる．そこで $\boldsymbol{V}=\boldsymbol{R}^n$，$\boldsymbol{W}=\boldsymbol{R}^m$ とし，この T に対し線形写像の基本定理を使うと，$\boldsymbol{V}$ と $\boldsymbol{W}$ は

$$\boldsymbol{V} = \boldsymbol{U} \oplus \mathrm{Ker}\, T, \qquad \boldsymbol{W} = \mathrm{Im}\, T \oplus \tilde{\boldsymbol{S}}$$

と直和分解される．この直和分解にしたがって，$\boldsymbol{V}$ と $\boldsymbol{W}$ の基底をそれぞれ

$$\{\overbrace{\boldsymbol{e}_1, \boldsymbol{e}_2, \cdots, \boldsymbol{e}_r}^{\boldsymbol{U}}, \overbrace{\boldsymbol{e}_{r+1}, \cdots, \boldsymbol{e}_n}^{\mathrm{Ker}\,T}\}, \qquad \{\overbrace{\boldsymbol{f}_1, \boldsymbol{f}_2, \cdots, \boldsymbol{f}_r}^{\mathrm{Im}\,T}, \overbrace{\boldsymbol{f}_{r+1}, \cdots, \boldsymbol{f}_m}^{\tilde{\boldsymbol{S}}}\}$$

にとり，この基底に関して T を行列で表わしてみると，

$$T(\boldsymbol{e}_i) = \boldsymbol{f}_i \qquad (i=1,2,\cdots,r)$$

$$T(\boldsymbol{e}_j) = \boldsymbol{0} \qquad (j=r+1, r+2, \cdots, n)$$

だから，この行列は

$$B = \left(\begin{array}{c|c} \overbrace{\begin{matrix} 1 & & 0 \\ & 1 & \\ 0 & \ddots & 1 \end{matrix}}^{r} & \overbrace{\quad 0 \quad}^{n-r} \\ \hline 0 & 0 \end{array}\right) \begin{matrix} \}\, r \\ \}\, m-r \end{matrix}$$

となることがわかる．したがって基底変換の公式により，線形写像の基本定理は，次のような形で行列の基本定理として述べることができる．

(m,n) 行列 A は，適当な n 次の正則行列 P，m 次の正則行列 Q をとると

$$Q^{-1}AP = \left(\begin{array}{c|c} \overbrace{\begin{matrix} 1 & & 0 \\ & \ddots & \\ 0 & & 1 \end{matrix}}^{r} & \overbrace{\quad 0 \quad}^{n-r} \\ \hline 0 & 0 \end{array}\right) \begin{matrix} \}\, r \\ \}\, m-r \end{matrix}$$

と表わすことができる．ここで r のとる値は $0, 1, 2, \cdots, \mathrm{Min}(m,n)$ のいずれか 1 つである．

水曜日

内　積

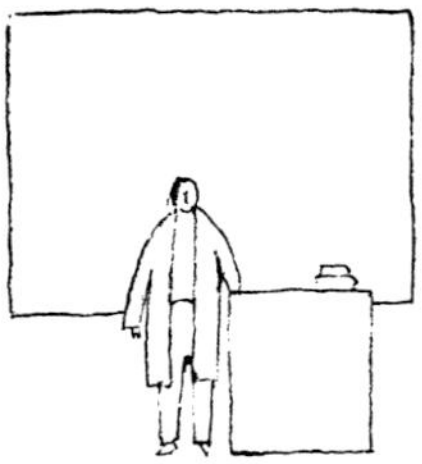

先生の話

ベクトル空間は線形性だけがその構造を支えていました．そして有限次元の場合，ベクトル空間の構造は，ただ1つの量——次元——だけで完全に決定されることを昨日話しました．ベクトル空間からベクトル空間への線形写像は，この構造に付随する概念です．そしてこの線形写像に対しても，有限次元の場合には，階数とよばれる負でない整数の値によって，写像のタイプが完全に分類されてしまうことも学びました．ベクトル空間と線形写像について，少なくとも有限次元の場合には，基本的なことはこれでほとんど全部です．

私たちはここで少し数学の景色を変えることにしましょう．それはベクトル空間という代数的な建造物に，幾何学的なものを加えていこうというのです．すなわち，2つのベクトルの長さとか，2つのベクトルのなす角などもベクトル空間の構造に加えていこうというのです．単にベクトル空間というだけでは，そこには加法とスカラー倍しかないのですから，私たちは2つのベクトルのどちらが長いか，短いかなどということはできなかったのです．だから，もし私たちがベクトル空間というとき，矢印で書かれたベクトルの集りのようなものを考えていたとすれば，それはベクトル空間の構造以上のものを付加して考えていたということになります．やはり，少なくとも長さの概念がないと，ベクトル空間に幾何学的表象のようなものをおくわけにはいきません．これからは長さとか，さらに角の概念まで入れて，私たちがよく見なれている座標平面や，座標空間上のベクトルを想像しながら，議論を進めることができるように，ベクトル空間に幾何学的内容をつけ加えていくことにします．

新しい概念を導入する前に，平面上のベクトルのときに，いま述べたことと，長さとか角をベクトル空間の立場でどのように取り扱うのが適当かを，少しみておきましょう．いままでのベクトル空間の立場では，すべて代数的な言葉だけを使っていますから，平面上のベクトルを考えるとき，図で示した2本のベクトル $\boldsymbol{e}_1, \boldsymbol{e}_2$ の違いを指摘できるような言葉はないのです．これらは，すべて1次独立なベクトルを表わしているという以外には言葉はないのです．しかし，“長さ”とか“角”の概念を加えておけば，もちろんこの図に書かれた2本のベクトルは，それぞれ長さもまたそのつくる角も違いますから，はっきりと区別することができます．

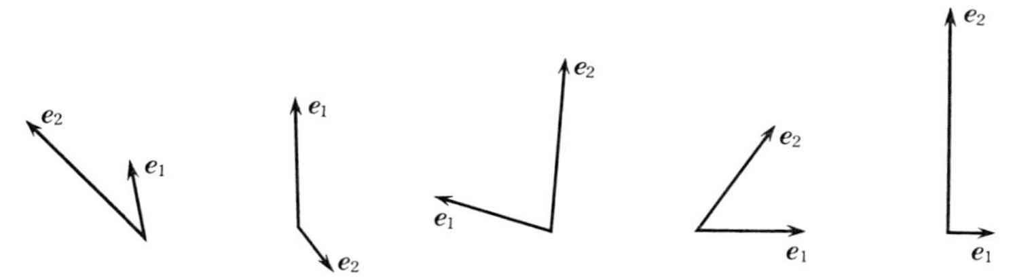

私たちは，長さや角を考えるときには，平面上にふつうの直交座標をとり，この座標に長さや角を測る基準が盛られているとして，ここからスタートします．そのとき座標原点をOとし，ベクトル $\boldsymbol{a}$ を有向線分 $\overrightarrow{\mathrm{OA}}$ で表わし，Aの座標を (a_1, a_2) とすると，ベクトル $\boldsymbol{a}$ の長さ $\|\boldsymbol{a}\|$ は，ピタゴラスの定理から

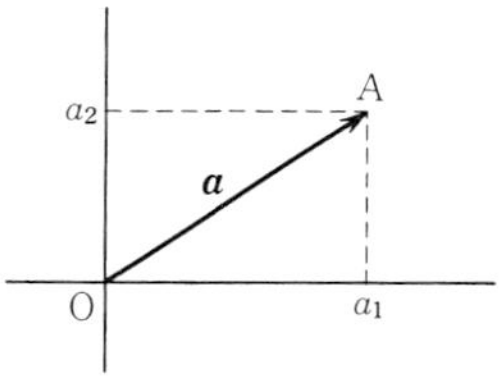

$$\|\boldsymbol{a}\| = \sqrt{a_1{}^2 + a_2{}^2} \tag{1}$$

となります．

また，2つのベクトル $\boldsymbol{a} = (a_1, a_2)$，$\boldsymbol{b} = (b_1, b_2)$ $(\boldsymbol{a}, \boldsymbol{b} \neq \boldsymbol{0})$ のつくる角を θ とすると，図の三角形に余弦法則を適用して

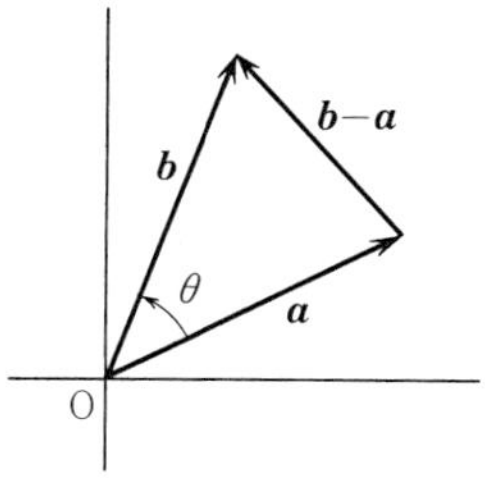

$$\|\boldsymbol{b} - \boldsymbol{a}\|^2 = \|\boldsymbol{a}\|^2 + \|\boldsymbol{b}\|^2 - 2\|\boldsymbol{a}\|\|\boldsymbol{b}\| \cos\theta$$

が得られます．ここで

$$\begin{aligned}\|\boldsymbol{a}\|^2 + \|\boldsymbol{b}\|^2 - \|\boldsymbol{b} - \boldsymbol{a}\|^2 &= (a_1{}^2 + a_2{}^2) + (b_1{}^2 + b_2{}^2) - \{(b_1 - a_1)^2 \\ &\quad + (b_2 - a_2)^2\} \\ &= 2(a_1 b_1 + a_2 b_2)\end{aligned}$$

となりますから，これから

$$\cos\theta = \frac{a_1 b_1 + a_2 b_2}{\|\boldsymbol{a}\|\|\boldsymbol{b}\|} \tag{2}$$

と表わされることがわかります．

ベクトル空間の基本演算は，足し算とスカラー倍です．このため，ベクトル $\boldsymbol{a}$ の長さを表わす式(1)のように，2乗が入っていたり，

$\sqrt{\quad}$ が入ったりしているのは，どうも使いにくそうにみえます．もっとも，別の見方をすれば，長さが，このようにベクトルの基本演算以上のものを含んでいるために，長さの概念を加えることが，ベクトル空間に新しい構造を与えることになるともいえます．いずれにしても私たちは，ベクトル空間の基本構造と長さの概念を結ぶ1つの架け橋をおいておきたいと思います．そのため，(2)の式の分子に現われた式に注目して

$$(\boldsymbol{a}, \boldsymbol{b}) = a_1b_1 + a_2b_2$$

とおき，$(\boldsymbol{a}, \boldsymbol{b})$ を $\boldsymbol{a}$ と $\boldsymbol{b}$ の**内積**ということにします．これが長さにくらべて扱いやすいのは，$\boldsymbol{b}$ をとめたとき，$\boldsymbol{a}$ について線形，すなわち

$$(\alpha\boldsymbol{a} + \beta\boldsymbol{a}', \boldsymbol{b}) = \alpha(\boldsymbol{a}, \boldsymbol{b}) + \beta(\boldsymbol{a}', \boldsymbol{b}) \tag{3}$$

が成り立っているからで，また $\boldsymbol{b}$ についても

$$(\boldsymbol{a}, \boldsymbol{b}) = (\boldsymbol{b}, \boldsymbol{a}) \tag{4}$$

によって，$\boldsymbol{a}$ と同様に線形となっているからです．

この内積を使うと(1)と(2)は

$$\|\boldsymbol{a}\| = \sqrt{(\boldsymbol{a}, \boldsymbol{a})}, \qquad \cos\theta = \frac{(\boldsymbol{a}, \boldsymbol{b})}{\|\boldsymbol{a}\|\|\boldsymbol{b}\|} \tag{5}$$

と表わされます．長さを内積で表わすところに，内積のもつ1つの性質

$$(\boldsymbol{a}, \boldsymbol{a}) \geqq 0 \quad (\text{等号が成り立つのは } \boldsymbol{a} = \boldsymbol{0} \text{ のとき}) \tag{6}$$

が効いています．

私たちは，(3), (4), (6)の性質に注目し，この性質によって内積が1つの概念として取り出されると考えて，ベクトル空間の構造に，内積の概念を加えることにします．そうすると(5)の関係を通して，長さと角が内積によって定義されることになるでしょう．このようにして，ベクトル空間に，幾何学的考察が可能になる道を拓いていこうというのです．

内　積

先生の話にしたがって，次の定義をおく．

定義　ベクトル空間 $\boldsymbol{V}$ の2つの元 $\boldsymbol{a}, \boldsymbol{b}$ に対して，実数 $(\boldsymbol{a}, \boldsymbol{b})$ が対応し，次の性質をみたすとき，$\boldsymbol{V}$ に内積が与えられたといい，$(\boldsymbol{a}, \boldsymbol{b})$ を $\boldsymbol{a}$ と $\boldsymbol{b}$ の**内積**という．

（i）$(\alpha\boldsymbol{a}+\beta\boldsymbol{a}', \boldsymbol{b})=\alpha(\boldsymbol{a}, \boldsymbol{b})+\beta(\boldsymbol{a}', \boldsymbol{b})$

（ii）$(\boldsymbol{a}, \boldsymbol{b})=(\boldsymbol{b}, \boldsymbol{a})$

（iii）$(\boldsymbol{a}, \boldsymbol{a})\geqq 0$；ここで等号が成り立つのは $\boldsymbol{a}=\boldsymbol{0}$ のときに限る．

内積が与えられたベクトル空間を**計量をもつベクトル空間**ということもあるが，ここでは簡単に**内積空間**ということにする．内積空間の元 $\boldsymbol{a}$ に対して

$$\|\boldsymbol{a}\| = \sqrt{(\boldsymbol{a}, \boldsymbol{a})}$$

とおき，$\|\boldsymbol{a}\|$ を $\boldsymbol{a}$ の**長さ**，または**ノルム**という．$\boldsymbol{a}\neq\boldsymbol{0}$ ならば $\|\boldsymbol{a}\|>0$ であり，また $\|\alpha\boldsymbol{a}\|=|\alpha|\|\boldsymbol{a}\|$ が成り立つ．

すぐあとで述べるように，不等式 $|(\boldsymbol{a}, \boldsymbol{b})|\leqq\|\boldsymbol{a}\|\|\boldsymbol{b}\|$ が成り立つ．したがって $\boldsymbol{a}\neq\boldsymbol{0}$，$\boldsymbol{b}\neq\boldsymbol{0}$ に対し，下の式の右辺の絶対値 $\leqq 1$ に注意して

$$\cos\theta = \frac{(\boldsymbol{a}, \boldsymbol{b})}{\|\boldsymbol{a}\|\|\boldsymbol{b}\|} \tag{7}$$

とおくことができる．この θ を $\boldsymbol{a}$ と $\boldsymbol{b}$ のつくる**角**という．θ は，$0\leqq\theta\leqq\pi$ の範囲ではただ1通りに決まる．

内積空間の例としては $\boldsymbol{R}^n$ がある．$\boldsymbol{a}=(a_1, a_2, \cdots, a_n)$，$\boldsymbol{b}=(b_1, b_2, \cdots, b_n)$ に対し

$$(\boldsymbol{a}, \boldsymbol{b}) = a_1b_1+a_2b_2+\cdots+a_nb_n \tag{8}$$

とおくと，$(\boldsymbol{a}, \boldsymbol{b})$ は $\boldsymbol{R}^n$ の内積を与える．$\boldsymbol{R}^n$ にこの内積を与えたとき，**$\boldsymbol{n}$ 次元ユークリッド空間**という．これは平面のベクトルに対して与えた内積を，n 次元の場合にまで拡張したことになっている．

もっとも，まったく抽象的な n 次元ベクトル空間 $\boldsymbol{V}$ にも，基底 $\{\boldsymbol{e}_1, \boldsymbol{e}_2, \cdots, \boldsymbol{e}_n\}$ を1つ決めて

$$\boldsymbol{a} = a_1\boldsymbol{e}_1 + a_2\boldsymbol{e}_2 + \cdots + a_n\boldsymbol{e}_n, \quad \boldsymbol{b} = b_1\boldsymbol{e}_1 + b_2\boldsymbol{e}_2 + \cdots + b_n\boldsymbol{e}_n$$

に対して

$$(\boldsymbol{a}, \boldsymbol{b}) = a_1b_1 + a_2b_2 + \cdots + a_nb_n$$

と定義すると，$\boldsymbol{V}$ は内積空間となる．そして同型対応

$$\boldsymbol{a} = a_1\boldsymbol{e}_1 + a_2\boldsymbol{e}_2 + \cdots + a_n\boldsymbol{e}_n \longrightarrow (a_1, a_2, \cdots, a_n) \in \boldsymbol{R}^n$$

は，（内積もこめて）$\boldsymbol{V}$ から n 次元ユークリッド空間 $\boldsymbol{R}^n$ への同型対応を与えている．

しかし読者は，内積という言葉を聞かれたとき，すでにその言葉は先週金曜日に登場していたことを思い出しておられるに違いない．そこでは区間 $[-\pi, \pi]$ 上で定義された連続関数のつくる空間 $C^0[-\pi, \pi]$ を考察しているとき，$f, g \in C^0[-\pi, \pi]$ に対して

$$(f, g) = \int_{-\pi}^{\pi} f(x)g(x)dx \tag{9}$$

とおいて，これを内積とよんだのである．

$C^0[-\pi, \pi]$ は無限次元のベクトル空間になっている．そして，第3週，金曜日の(i),(ii),(iii)を見ると，(9)を内積とよぶことは，上の一般的定義にちょうど適合していることを示している．ただし，先週はこのときの長さを $\|f\|_2$ と書き，f の L^2-ノルムといっていた．すなわち $C^0[-\pi, \pi]$ は，(9)によって内積を導入することにより，無限次元の内積空間の例となっていたのである．

同じ金曜日のその場所で，$f, g \in C^0[-\pi, \pi]$ に対しシュワルツの不等式

$$|(f, g)| \leqq \|f\|_2\|g\|_2$$

を示し，さらにここから三角不等式

$$\|f+g\|_2 \leqq \|f\|_2 + \|g\|_2$$

を導いた．その証明を見ると，そこでは(9)が内積の性質(i),(ii),(iii)をみたすということしか使っていない．したがってそこでの証明は，一般の内積空間に適用されるものであって，その結果，次の2つの関係が，内積空間 $\boldsymbol{V}$ の元 $\boldsymbol{a}, \boldsymbol{b}$ に対し一般に成り立つことが

わかる．

（iv） シュワルツの不等式

$$|(\boldsymbol{a}, \boldsymbol{b})| \leqq \|\boldsymbol{a}\|\|\boldsymbol{b}\|$$

（v） 三角不等式

$$\|\boldsymbol{a}+\boldsymbol{b}\| \leqq \|\boldsymbol{a}\|+\|\boldsymbol{b}\|$$

直交性

2つのベクトル $\boldsymbol{a}, \boldsymbol{b}$ のつくる角 θ を，(7)で定義したが，実際の応用上では，たとえば $\boldsymbol{a}$ と $\boldsymbol{b}$ の角は $\frac{\pi}{3}$ であるとか $\frac{2}{5}\pi$ であるとか，そのような測り方をすることはむしろ稀である．むしろこの角の導入によって，$(\boldsymbol{a}, \boldsymbol{b})=0$ であるという状況を(このとき $\cos\theta=0$ となる!)，$\boldsymbol{a}$ と $\boldsymbol{b}$ が直交するという言い方でいい表わすことができたことが重要である．それによって，直交する方向に向かって走っている2本のベクトルの描像が内積空間の中で確立してきたのである．$C^0[-\pi, \pi]$ のときは，内積(9)に関して，直交するという言葉は何度も使ってきたが，一般の場合にもひとまず定義として述べておこう．

定義　$\boldsymbol{V}$ を内積空間とする．$\boldsymbol{a}, \boldsymbol{b} \in \boldsymbol{V}$ に対して

$$(\boldsymbol{a}, \boldsymbol{b}) = 0$$

が成り立つとき，$\boldsymbol{a}$ と $\boldsymbol{b}$ は**直交する**という．

$\boldsymbol{R}^n$ の標準的な基底

$$\{(1,0,\cdots,0),(0,1,0,\cdots,0),\cdots,(0,0,\cdots,0,1)\}$$

は，内積(8)に関して互いに直交している．さらにそれぞれのベクトルは長さ1になっている．これは2次元や3次元の場合，座標系の単位ベクトルが直交しているという状況を映している．

私たちは，n 次元の内積空間 $\boldsymbol{V}$ に対しても，$\boldsymbol{R}^n$ のときと同じように，直交座標系の単位ベクトルの候補と考えられるような基底を考えたい．それが次の定義の意味である．

定義　n 次元の内積空間 $\boldsymbol{V}$ の基底 $\{\boldsymbol{e}_1, \boldsymbol{e}_2, \cdots, \boldsymbol{e}_n\}$ が

$$(\boldsymbol{e}_i, \boldsymbol{e}_j) = 0 \qquad (i \neq j)$$
$$\|\boldsymbol{e}_i\| = 1 \qquad (i = 1, 2, \cdots, n)$$

をみたすとき，**正規直交基底**という．

$\{\boldsymbol{e}_1, \boldsymbol{e}_2, \cdots, \boldsymbol{e}_n\}$ が，$\boldsymbol{V}$ の正規直交基底のとき，$\boldsymbol{a}, \boldsymbol{b} \in \boldsymbol{V}$ に対し

$$\boldsymbol{a} = \sum_{i=1}^{n} a_i \boldsymbol{e}_i, \qquad \boldsymbol{b} = \sum_{i=1}^{n} b_i \boldsymbol{e}_i$$

とおくと，$\boldsymbol{a}, \boldsymbol{b}$ の内積は

$$(\boldsymbol{a}, \boldsymbol{b}) = \sum_{i,j=1}^{n} a_i b_j (\boldsymbol{e}_i, \boldsymbol{e}_j) = \sum_{i=1}^{n} a_i b_i (\boldsymbol{e}_i, \boldsymbol{e}_i) = \sum_{i=1}^{n} a_i b_i$$

と表わされる．これは n 次元ユークリッド空間 $\boldsymbol{R}^n$ の内積(8)と同じ形をしている．このことは，$\boldsymbol{V}$ から $\boldsymbol{R}^n$ への同型対応 $\boldsymbol{\Phi}$ を

$$\boldsymbol{\Phi}(a_1\boldsymbol{e}_1 + a_2\boldsymbol{e}_2 + \cdots + a_n\boldsymbol{e}_n) = (a_1, a_2, \cdots, a_n)$$

で与えておくと，

$$(\boldsymbol{\Phi}(\boldsymbol{a}), \boldsymbol{\Phi}(\boldsymbol{b})) = (\boldsymbol{a}, \boldsymbol{b})$$

であることを示している．$\boldsymbol{V}$ は，$\boldsymbol{\Phi}$ を通して，長さや角の概念を含めて，$\boldsymbol{R}^n$ と同一視することができるのである！　このとき $\{\boldsymbol{e}_1, \boldsymbol{e}_2, \cdots, \boldsymbol{e}_n\}$ は $\boldsymbol{R}^n$ の標準基底 $\{(1, 0, \cdots, 0), (0, 1, 0, \cdots, 0), \cdots, (0, 0, \cdots 0, 1)\}$ へ移されていることを注意しておこう．

ヒルベルト-シュミットの直交法

それでは，n 次元の内積空間 $\boldsymbol{V}$ が与えられたとき，この内積に関する正規直交基底は必ず存在するのだろうか．すなわち $\boldsymbol{V}$ は同型写像を通して，つねに n 次元ユークリッド空間 $\boldsymbol{R}^n$ と考えることができるのだろうか．それについては，次の定理が肯定的な答を与えている．

定理　n 次元の内積空間 $\boldsymbol{V}$ には正規直交基底 $\{\boldsymbol{e}_1, \boldsymbol{e}_2, \cdots, \boldsymbol{e}_n\}$ が存在する．

［証明］ $\boldsymbol{V}$ のベクトル空間としての基底を1つとり，それを $\{\boldsymbol{f}_1, \boldsymbol{f}_2, \cdots, \boldsymbol{f}_n\}$ とする．この基底を順次少しずつ取り直していくことによって，$\boldsymbol{V}$ の正規直交基底 $\{\boldsymbol{e}_1, \boldsymbol{e}_2, \cdots, \boldsymbol{e}_n\}$ を見出していくことにしよう．

第1段階：

$$\boldsymbol{e}_1 = \frac{1}{\|\boldsymbol{f}_1\|}\boldsymbol{f}_1$$

とおく．そうすると $\|\boldsymbol{e}_1\|=1$ となる．

第2段階：次に

$$\boldsymbol{e}_2' = \boldsymbol{f}_2 - (\boldsymbol{f}_2, \boldsymbol{e}_1)\boldsymbol{e}_1$$

とおく．$\boldsymbol{f}_2$ と $\boldsymbol{e}_1$ のつくる角を θ とすると，$(\boldsymbol{f}_2, \boldsymbol{e}_1) = \cos\theta\cdot\|\boldsymbol{f}_2\|\|\boldsymbol{e}_1\| = \cos\theta\|\boldsymbol{f}_2\|$ だから，図を見るとわかるように，幾何学的には $\boldsymbol{e}_2'$ は，$\boldsymbol{f}_2$ と $\boldsymbol{e}_1$ のはる平面の中で $\boldsymbol{f}_2$ の $\boldsymbol{e}_1$ に関する直交方向の成分を取り出したものになっている．もちろん，そのことは

$$(\boldsymbol{e}_2', \boldsymbol{e}_1) = (\boldsymbol{f}_2, \boldsymbol{e}_1) - (\boldsymbol{f}_2, \boldsymbol{e}_1)(\boldsymbol{e}_1, \boldsymbol{e}_1) = (\boldsymbol{f}_2, \boldsymbol{e}_1) - (\boldsymbol{f}_2, \boldsymbol{e}_1) = 0$$

によって確かめられる．$\boldsymbol{e}_2' \neq \boldsymbol{0}$ であることは，$\boldsymbol{f}_1$ と $\boldsymbol{f}_2$ が1次独立であることからわかる．

そこで

$$\boldsymbol{e}_2 = \frac{1}{\|\boldsymbol{e}_2'\|}\boldsymbol{e}_2'$$

とおく．そうすると，$(\boldsymbol{e}_1, \boldsymbol{e}_2) = 0$ で $\|\boldsymbol{e}_2\| = 1$ となる．

第3段階：

$$\boldsymbol{e}_3' = \boldsymbol{f}_3 - (\boldsymbol{f}_3, \boldsymbol{e}_1)\boldsymbol{e}_1 - (\boldsymbol{f}_3, \boldsymbol{e}_2)\boldsymbol{e}_2$$

とおく．このとき

$$\begin{aligned}(\boldsymbol{e}_3', \boldsymbol{e}_1) &= (\boldsymbol{f}_3, \boldsymbol{e}_1) - (\boldsymbol{f}_3, \boldsymbol{e}_1)(\boldsymbol{e}_1, \boldsymbol{e}_1) - (\boldsymbol{f}_3, \boldsymbol{e}_2)(\boldsymbol{e}_2, \boldsymbol{e}_1)\\ &= (\boldsymbol{f}_3, \boldsymbol{e}_1) - (\boldsymbol{f}_3, \boldsymbol{e}_1) = 0\end{aligned}$$

同様に

$$(\boldsymbol{e}_3', \boldsymbol{e}_2) = 0$$

この $\boldsymbol{e}_3'$ が幾何学的にはどのような構成法によったかは，図を見るとわかる．$\boldsymbol{e}_3' \neq \boldsymbol{0}$ のことは，$\boldsymbol{f}_1, \boldsymbol{f}_2, \boldsymbol{f}_3$ が1次独立だからである．そこで

$$\boldsymbol{e}_3 = \frac{1}{\|\boldsymbol{e}_3{}'\|}\boldsymbol{e}_3{}'$$

とおくと，$(\boldsymbol{e}_1, \boldsymbol{e}_3) = (\boldsymbol{e}_2, \boldsymbol{e}_3) = 0$ で $\|\boldsymbol{e}_3\| = 1$ となる．

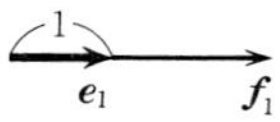

［第 1 段階］

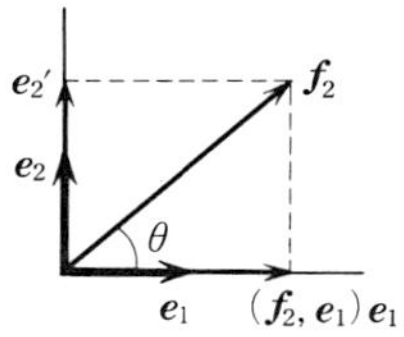

［第 2 段階］

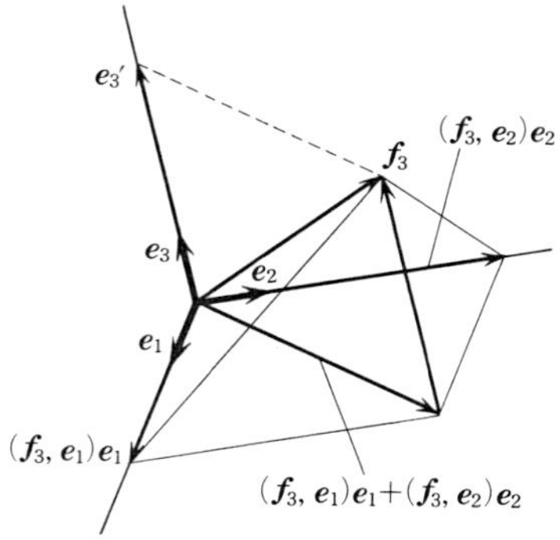

［第 3 段階］

以下同様の手順を踏んで，第 n 段階まで達すると，正規直交基底 $\{\boldsymbol{e}_1, \boldsymbol{e}_2, \cdots, \boldsymbol{e}_n\}$ が得られる．念のため，第 $(n-1)$ 段階まで終了して，$\{\boldsymbol{e}_1, \boldsymbol{e}_2, \cdots, \boldsymbol{e}_{n-1}\}$ が得られたとき，最後の第 n 段階の構成を書いておくと次のようになる．

$$\boldsymbol{e}_n{}' = \boldsymbol{f}_n - (\boldsymbol{f}_n, \boldsymbol{e}_1)\boldsymbol{e}_1 - (\boldsymbol{f}_n, \boldsymbol{e}_2)\boldsymbol{e}_2 - \cdots - (\boldsymbol{f}_n, \boldsymbol{e}_{n-1})\boldsymbol{e}_{n-1}$$

とおいて次に

$$\boldsymbol{e}_n = \frac{1}{\|\boldsymbol{e}_n{}'\|}\boldsymbol{e}_n{}'$$

とおくのである．（証明終り）

この定理で示した正規直交基底の構成法をふつう**ヒルベルト-シュミットの直交法**という．この定理によって，内積空間にはたくさんの正規直交基底が存在することがわかる．勝手にとった基底から，いまの構成法でいつでも正規直交基底がつくられるのである．

2 次元や 3 次元の場合でいえば，1 つの直交座標系を回転したり，座標の順序をとりかえたりしたものは，また直交座標系となるから，それに対応して正規直交基底はたくさんあるということになる．

線形写像の中心課題——固有値問題

$\boldsymbol{V}$ を n 次元の内積空間とする．T を $\boldsymbol{V}$ から $\boldsymbol{V}$ への線形写像とする：

$$T : \boldsymbol{V} \longrightarrow \boldsymbol{V}$$

以下の“歴史の潮騒”の中でも述べるように，数学のさまざまな状況の中から，定式化にはニュアンスの違いはあったとしても，次のような問題がこの場合の中心課題として登場するようになったのである．

［固有値問題］ $\boldsymbol{V}$ の正規直交基底 $\{\boldsymbol{e}_1, \boldsymbol{e}_2, \cdots, \boldsymbol{e}_n\}$ を適当に選ぶと，実数 λ_i があって

$$T\boldsymbol{e}_i = \lambda_i \boldsymbol{e}_i \qquad (i=1,2,\cdots,n) \tag{10}$$

の形になるのは T がどのようなときか．またこのとき $\{\boldsymbol{e}_1, \boldsymbol{e}_2, \cdots, \boldsymbol{e}_n\}$，および λ_i $(i=1,2,\cdots,n)$ を T からどのように求めるか．

この問題を**固有値問題**という．固有値問題という名前の由来は，次の定義によっている．

> **定義**　ある $\boldsymbol{0}$ でないベクトル $\boldsymbol{x}$ が，T によって λ 倍に移される状況がおきるとき，すなわち
>
> $$T\boldsymbol{x} = \lambda \boldsymbol{x}$$
>
> が成り立つとき，λ を T の**固有値**という．

この定義については明日もう一度述べることにする．

いま，(10)が成り立ったとする．このことは直観的には，空間 $\boldsymbol{V}$ の直交座標系を基底 $\{\boldsymbol{e}_1, \boldsymbol{e}_2, \cdots, \boldsymbol{e}_n\}$ にしたがってとると，T はこの座標空間を，$\boldsymbol{e}_1$ 方向には λ_1 倍，$\boldsymbol{e}_2$ 方向には λ_2 倍，…，$\boldsymbol{e}_n$ 方向には λ_n 倍に拡大，または縮小することを意味している．別の言い方をすれば，座標空間を伸縮自在の素材からなっているとすると，T は各座標軸を引っぱったり $(\lambda>1$ のとき$)$，縮めたり $(0<\lambda<1$ のと

き)，0 へとつぶしたり($\lambda=0$ のとき)，あるいは反対方向に逆転させて延び縮みさせたり($\lambda<0$ のとき)する働きをしている，ということになる．

$\boldsymbol{V}$ が 2 次元の座標平面，3 次元の座標空間のときはどのようになるかを図示しておいた．座標平面のときは，固有値が 3, 2 の例であり，このときは，原点中心の円は T によって，$\boldsymbol{e}_1$ 方向が 3 倍に，$\boldsymbol{e}_2$ 方向が 2 倍に延ばされた楕円へと移ることになる．

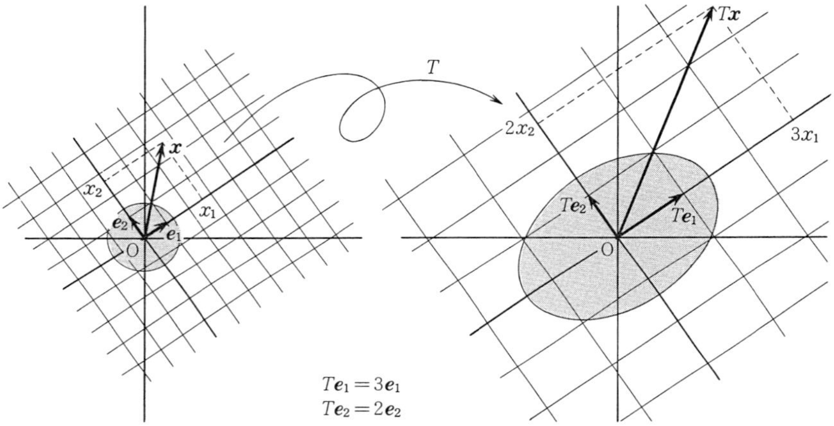

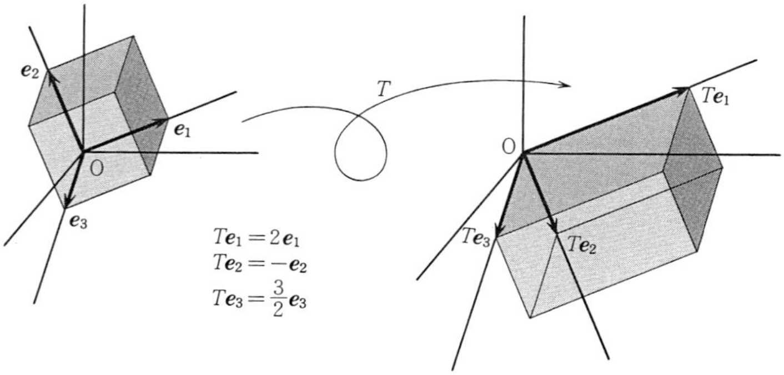

線形写像 T に対して(10)が成り立っているとしよう．このとき基底 $\{\boldsymbol{e}_1, \boldsymbol{e}_2, \cdots, \boldsymbol{e}_n\}$ に関する $\boldsymbol{V}$ の“直交分解”を

$$\boldsymbol{V}=\boldsymbol{R}\boldsymbol{e}_1 \oplus \boldsymbol{R}\boldsymbol{e}_2 \oplus \cdots \oplus \boldsymbol{R}\boldsymbol{e}_n$$

と表わすことにする．ここで $\boldsymbol{R}\boldsymbol{e}_i$ と書いたのは，$\alpha\boldsymbol{e}_i$ ($\alpha\in\boldsymbol{R}$) の形の元からなる $\boldsymbol{V}$ の 1 次元の部分空間である．$\{\boldsymbol{e}_1, \boldsymbol{e}_2, \cdots, \boldsymbol{e}_n\}$ は正規

直交基底だから，これらの部分空間に属する元は，互いに直交している．この分解にしたがって $\boldsymbol{x} \in V$ を

$$\boldsymbol{x} = a_1\boldsymbol{e}_1 + a_2\boldsymbol{e}_2 + \cdots + a_n\boldsymbol{e}_n$$

と書くと，(10)は

$$\boldsymbol{x} = a_1\boldsymbol{e}_1 + a_2\boldsymbol{e}_2 + \cdots + a_n\boldsymbol{e}_n \xrightarrow{T} T\boldsymbol{x} = \lambda_1 a_1\boldsymbol{e}_1 + \lambda_2 a_2\boldsymbol{e}_2 + \cdots + \lambda_n a_n\boldsymbol{e}_n \tag{11}$$

となる．あるいは，$\boldsymbol{V}$ を $\boldsymbol{R}^n$ と同一視して $\boldsymbol{x} = (a_1, a_2, \cdots, a_n)$ と書けば

$$(a_1, a_2, \cdots, a_n) \xrightarrow{T} (\lambda_1 a_1, \lambda_2 a_2, \cdots, \lambda_n a_n)$$

となる．

行列による表現

$\boldsymbol{V}$ の正規直交基底を適当に取れば T が(11)のようになるということは，行列でいい表わせば次のようになるだろう．

まず $\boldsymbol{V}$ に1つの正規直交基底をとって，$\boldsymbol{V}$ を $\boldsymbol{R}^n$ と同一視しておく．この正規直交基底の選び方は，T とは無関係である．このとき，T は $\boldsymbol{R}^n$ から $\boldsymbol{R}^n$ への線形写像として，n 次の正方行列

$$A = \begin{pmatrix} a_{11} & a_{12} & \cdots & a_{1n} \\ a_{21} & a_{22} & \cdots & a_{2n} \\ \multicolumn{4}{c}{\cdots\cdots\cdots\cdots} \\ a_{n1} & a_{n2} & \cdots & a_{nn} \end{pmatrix}$$

によって表わされる．このとき(11)が成り立つということは，$\boldsymbol{R}^n$ の標準基底 $\{(1, 0, \cdots, 0), (0, 1, 0, \cdots, 0), \cdots, (0, 0, \cdots, 0, 1)\}$ を，別の正規直交基底(別の直交座標系!) $\{\boldsymbol{e}_1, \boldsymbol{e}_2, \cdots, \boldsymbol{e}_n\}$ にとりかえてみると，行列 A は，対角行列

$$B = \begin{pmatrix} \lambda_1 & & & 0 \\ & \lambda_2 & & \\ & & \ddots & \\ 0 & & & \lambda_n \end{pmatrix}$$

と表わされるということである．

この A と B との関係を行列の言葉だけでいい表わすためには，線形写像 T を(11)のように表わす $\boldsymbol{R}^n$ の基底ベクトル $\boldsymbol{e}_1, \boldsymbol{e}_2, \cdots, \boldsymbol{e}_n$ を“たてベクトル”として表わして

$$\boldsymbol{e}_1 = \begin{pmatrix} p_{11} \\ p_{21} \\ \vdots \\ p_{n1} \end{pmatrix}, \quad \boldsymbol{e}_2 = \begin{pmatrix} p_{12} \\ p_{22} \\ \vdots \\ p_{n2} \end{pmatrix}, \quad \cdots, \quad \boldsymbol{e}_n = \begin{pmatrix} p_{1n} \\ p_{2n} \\ \vdots \\ p_{nn} \end{pmatrix}$$

とし，ここから行列 O を

$$O = \begin{pmatrix} p_{11} & p_{12} & \cdots & p_{1n} \\ p_{21} & p_{22} & \cdots & p_{2n} \\ \vdots & \vdots & & \vdots \\ p_{n1} & p_{n2} & \cdots & p_{nn} \end{pmatrix}$$

と定義するとよい．O は $\{\boldsymbol{e}_1, \boldsymbol{e}_2, \cdots, \boldsymbol{e}_n\}$ への基底変換の行列となり，

$$B = O^{-1}AO \tag{12}$$

となる．このようにして，固有値問題は，正方行列 A がいつ，O のような行列で，(12)の変換で対角化可能かという問題になった．

ここで行列 O について触れておこう．新しくとった基底 $\{\boldsymbol{e}_1, \boldsymbol{e}_2, \cdots, \boldsymbol{e}_n\}$ が正規直交基底であるという条件は，行列 O によって

$${}^{t}OO = \begin{pmatrix} 1 & & & 0 \\ & 1 & & \\ & & \ddots & \\ 0 & & & 1 \end{pmatrix} \tag{13}$$

と表わされている．

♣ ${}^{t}O$ は，O の転置行列とよばれるもので，O の行と列の配置をとりかえて得られる行列である：

$${}^{t}O = \begin{pmatrix} p_{11} & p_{21} & \cdots & p_{n1} \\ p_{12} & p_{22} & \cdots & p_{n2} \\ \cdots & \cdots & \cdots & \cdots \\ p_{1n} & p_{2n} & \cdots & p_{nn} \end{pmatrix}$$

行列の積の規則で ${}^{t}OO$ を計算してみると，その (i, j) 成分はちょうど内積 $(\boldsymbol{e}_i, \boldsymbol{e}_j)$ となっている．したがって(4)は，$\{\boldsymbol{e}_1, \boldsymbol{e}_2, \cdots, \boldsymbol{e}_n\}$ が正規直交基底となっている条件を表わしている．

(13)をみたす行列を**直交行列**という．(13)はまた

$$O^{-1} = {}^{t}O$$

と表わされることを注意しておこう．

直交行列と固有値問題

したがって要約すると，最初に述べた固有値問題は，行列の問題として定式化し直すと，n 次の正方行列 A が与えられたとき，A にどのような条件があれば，適当な直交行列 O を選ぶと

$$O^{-1}AO = \begin{pmatrix} \lambda_1 & & & 0 \\ & \lambda_2 & & \\ & & \ddots & \\ 0 & & & \lambda_n \end{pmatrix} \qquad (14)$$

となるか，という問題となる．このことを簡単に，正方行列はいつ直交行列によって対角化可能か，といい表わすこともある．右辺の行列の対角線に現われている $\lambda_1, \lambda_2, \cdots, \lambda_n$ がちょうど A の固有値になっている．

行列の理論の中で，これに対する完全な解答は次の定理で与えられている．

定理　n 次の正方行列 A が直交行列によって対角化可能となるための必要十分条件は，A が対称行列となること，すなわち，${}^{t}A=A$ が成り立つことである．

${}^{t}A=A$ という条件は，A の行列の成分で書けば $a_{ij}=a_{ji}$ $(i, j=1, 2, \cdots, n)$ が成り立つということである．この定理の証明は，本書では述べない．この定理の証明は線形代数の教科書には大体載せられている．

複素数の導入へ

行列の言葉を使ってはいるが，いま述べた定理によって固有値問題は，ひとまず解決したといってよいのだろう．実際は，(14)の対

角線上に並ぶ固有値 $\lambda_1, \lambda_2, \cdots, \lambda_n$ を A からどのように求めるか，また正規直交基底 $\{\boldsymbol{e}_1, \boldsymbol{e}_2, \cdots, \boldsymbol{e}_n\}$ をどのように求めるかなどの問題は残されているが，それは線形代数の教科書を参照して頂くことにしよう．

しかし，固有値問題は，いままでのような実数 $\boldsymbol{R}$ 上のベクトル空間の考察から，こんどは複素数 $\boldsymbol{C}$ 上のベクトル空間の考察へと数学を移行させる1つの契機を与えることになったのである．そのことを少し説明してみよう．

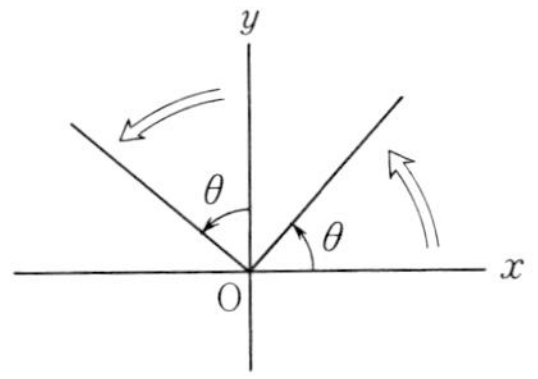

座標平面上の θ だけの回転を考える．これは $\boldsymbol{R}^2$ から $\boldsymbol{R}^2$ への線形写像であって，2次の行列を用いて

$$A(\theta) = \begin{pmatrix} \cos\theta & -\sin\theta \\ \sin\theta & \cos\theta \end{pmatrix}$$

と表わされる．$\theta=0$ のときと $\theta=\pi$ のときは

$$A(0) = \begin{pmatrix} 1 & 0 \\ 0 & 1 \end{pmatrix}, \quad A(\pi) = \begin{pmatrix} -1 & 0 \\ 0 & -1 \end{pmatrix}$$

であって，$A(0)$ は固有値1をもち，$A(\pi)$ は固有値 -1 をもっている．$A(\pi)$ は，x 軸と y 軸上の1を -1 へと移している．

しかし，$0<\theta<\pi$ のとき，$A(\theta)$ は決してある方向をそのまま λ 倍するようなことはない．どの方向も θ だけ回転してしまう．したがってどんな $\boldsymbol{x} \neq \boldsymbol{0}$ をとっても

$$A(\theta)\boldsymbol{x} = \lambda\boldsymbol{x}$$

となることはないのである．すなわち $A(\theta)$ は1つも固有値をもたない．

$0<\theta<\pi$ のとき，$A(\theta)$ が1つも固有値をもたないということはこのように考えれば，まったく明らかなことなのだが，似たような状況がもし高次元で起きたならばと想像してみると，こんどは図が書けないから，固有値が1つもないということをこのように直観的に断定することはむずかしくなるだろう．

そのような高次元への拡張も念頭においてみると，$A(\theta)$ が1つも固有値をもたないという理由を，代数的な方からも探っておく必要が生じてくる．そのため，$A(\theta)$ が1つも固有値をもたないとい

うことを，純粋に代数的な方法で確かめておこう．

$A(\theta)\boldsymbol{x}=\lambda\boldsymbol{x}$ を，$\boldsymbol{x}=\begin{pmatrix} x \\ y \end{pmatrix}$ として，行列を使って

$$\begin{pmatrix} \cos\theta & -\sin\theta \\ \sin\theta & \cos\theta \end{pmatrix}\begin{pmatrix} x \\ y \end{pmatrix} = \lambda\begin{pmatrix} x \\ y \end{pmatrix}$$

と表わすと，この関係は

$$\begin{cases} \cos\theta\, x - \sin\theta\, y = \lambda x \\ \sin\theta\, x + \cos\theta\, y = \lambda y \end{cases}$$

すなわち

$$\begin{cases} (\lambda-\cos\theta)x + \sin\theta\, y = 0 & (15) \\ -\sin\theta\, x + (\lambda-\cos\theta)y = 0 & (16) \end{cases}$$

と表わされることがわかる．

これを x, y についての連立方程式とみると，$x=y=0$ が答となっていることはすぐにわかる．$A(\theta)$ が固有値をもつか，もたないかをみるには，この連立方程式が，これ以外の解をもっているかどうかを調べることが必要になってくるのである．もし $x=y=0$ 以外の解 x_0, y_0 があったとすると，2 直線(15)と(16)が原点以外に (x_0, y_0) を通ることになるのだから，この 2 直線は一致しなくてはならない．したがってこの 2 直線の傾きは一致する．それを式で書くと

$$\lambda-\cos\theta : \sin\theta = -\sin\theta : \lambda-\cos\theta$$

すなわち

$$\lambda^2 - 2\lambda\cos\theta + 1 = 0 \qquad (17)$$

となる．

♣　この式を導くには，(15), (16)が $x=y=0$ 以外に解をもつ条件は，係数のつくる行列式が 0，すなわち

$$\begin{vmatrix} \lambda-\cos\theta & \sin\theta \\ -\sin\theta & \lambda-\cos\theta \end{vmatrix} = 0$$

が成り立つこと，という事実を使う方が一般的である．

要するに，λ が 2 次方程式(17)をみたすときに限って，(15), (16)は共通の解 (x_0, y_0) $(\neq(0,0))$ をもち，したがってこのとき

$$\boldsymbol{x}_0 = \begin{pmatrix} x_0 \\ y_0 \end{pmatrix}$$

とおくと，

$$A(\theta)\boldsymbol{x}_0 = \lambda \boldsymbol{x}_0 \qquad (\boldsymbol{x}_0 \neq \boldsymbol{0})$$

が成り立つことになる．だから，λ が $A(\theta)$ の固有値となる必要十分条件は，λ が2次方程式(17)の解となることである！

ところが(17)の判別式は $4(\cos^2\theta-1)$ となるから，$0<\theta<\pi$ で判別式の値は負となり，したがって(17)は実解をもたない．したがって，これから $A(\theta)$ は固有値をもたない，ということが結論されてくるのである．

これで $A(\theta)$ が固有値をもたないという状況を，代数的な方向から説明してみることはひとまず終ったのだが，λ が固有値である条件が，λ が2次方程式(17)の解となっているということがわかってみると，誰しも，$A(\theta)$ は，“実数の中では固有値をもたない”という言い方の方が正確だと感じてくるだろう．

それではいまの場合，(17)の虚解は $A(\theta)$ に対してどのような関係になっているのだろうか．(17)の虚解は $\lambda=\cos\theta\pm i\sin\theta=e^{\pm i\theta}$ であることはすぐに確かめられる．しかし，虚解を問題とするのならば，数学の舞台はこの段階で実数から複素数へと移ったと考えてよいだろう．そうすると，いままで $A(\theta)$ は座標平面上の回転と考えてきたが，座標平面をガウス平面と見直して，$A(\theta)$ はガウス平面上で，原点中心の θ だけの回転を与えていると考えることにしよう．複素数 z を θ だけ回転した結果は $e^{i\theta}z$ と表わされるから，この見直しによって $A(\theta)$は

$$A(\theta)z = e^{i\theta}z \tag{18}$$

と表わされる．(17)の虚解の1つ $e^{i\theta}$ がここに現われたのである．

♣　複素数を実軸に関して対称に移す写像は $z \to \bar{z}$ で与えられるが，このとき z を θ だけ回転することは，$\bar{z}$ を $-\theta$ だけ回転するように移される．(実軸に沿って鏡を立てて，鏡に移る z を考えてみるとよい．) したがって

$$A(\theta)\bar{z} = e^{-i\theta}\bar{z}$$

となる．このようにして(17)のもう1つの虚解 $e^{-i\theta}$ が現われる．

私たちは(18)だけに注目しよう．これは$A(\theta)$を複素数から複素数への線形写像と考えたとき，$e^{i\theta}$はちょうど$A(\theta)$の固有値となっていると考えられないだろうか．しかし，このとき固有ベクトルに相当するものは，0でない任意の複素数zということになる．これは矢印で表わされるようなベクトルの表象とは異なっている．私たちはそのような幾何学的な描像を少し遠くの方へ押しやって，代数的な枠組みの中で，複素ベクトル空間とその上の線形写像の理論をつくってみたい．代数的な議論を前面に出すならば，複素数の上での線形写像の理論は，完成した形をとって私たちの前に現われてくるだろう．実際，固有値問題は，複素ベクトル空間の上ではじめて完全な解決をみる．それは明日の話の主題となるのである．

歴史の潮騒

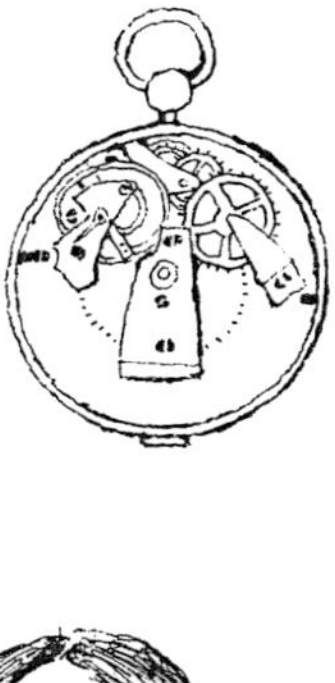

解析幾何学は，デカルトとフェルマの1630年前後の思索の中から誕生してきたといわれている．デカルトの『幾何学』は，1637年に『方法序説』に付す形で出版されたが，それは解析幾何の方法をはじめて明らかにしたものであった．フェルマの『平面および立体解析入門』は彼の生前には出版されなかった．フェルマは$xy=k^2$は双曲線であり，$xy+a^2=bx+cy$の形の方程式は，座標軸の平行移動によって$xy=k^2$という形に変形できることを示した．さらにx, yの2次の項が現われる一般の方程式を，座標軸の回転を使って楕円，双曲線，放物線の標準形に直すことも考えている．このことは，楕円でいえば，長軸と短軸の方向を座標軸としてとることであり，“主軸問題”ともいわれていた．

解析幾何学におけるこの古典的な問題は，固有値問題と深く結びついているのである．それを楕円と双曲線の場合に説明しよう．xとyの関係が方程式

$$ax^2+2hxy+by^2+2cx+2dy+e=0$$

によって与えられる曲線を**2次曲線**という．この2次曲線は$h^2-ab<0$のときは楕円，$h^2-ab>0$のときは双曲線となることが知ら

れている．この場合，標準形に直すには，まず平行移動して，つぎに定数項を移項して整理し，

$$ax^2+2hxy+by^2 = 1 \qquad (19)$$

の形にする——これは，楕円と双曲線の中心を座標原点として採用したことを意味している．次に座標軸を適当に回転して，標準形

$$\frac{x^2}{p^2}+\frac{y^2}{q^2} = 1 \quad (\text{楕円})$$
$$\frac{x^2}{p^2}-\frac{y^2}{q^2} = 1 \quad (\text{双曲線}) \qquad (20)$$

へと変形する．この(19)から(20)へと移る部分を固有値問題と関連づけるには次のように考えるのである．

2 次形式 $ax^2+2hxy+by^2$ は行列を使うと

$$ax^2+2hxy+by^2 = (x, y)\begin{pmatrix} a & h \\ h & b \end{pmatrix}\begin{pmatrix} x \\ y \end{pmatrix} \qquad (21)$$

と表わされる．

実際，順次計算すると

$$\begin{aligned}(x, y)\begin{pmatrix} a & h \\ h & b \end{pmatrix}\begin{pmatrix} x \\ y \end{pmatrix} &= (x, y)\begin{pmatrix} ax+hy \\ hx+by \end{pmatrix} \\ &= x(ax+hy)+y(hx+by) \\ &= ax^2+2hxy+by^2\end{aligned}$$

となる．

(x, y) は 1 行 2 列の行列と考えているのだが，そうすると

$$(x, y) = {}^{t}\begin{pmatrix} x \\ y \end{pmatrix} \quad (\text{t は転置行列を表わしている})$$

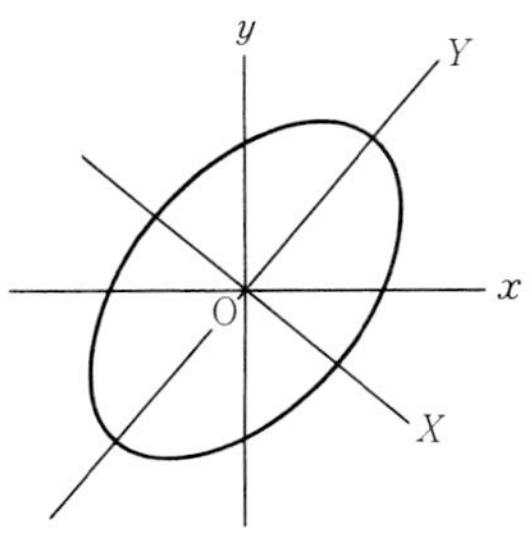

と表わされる．このことから，直交行列 O によって変数 (x, y) を

$$O\begin{pmatrix} X \\ Y \end{pmatrix} = \begin{pmatrix} x \\ y \end{pmatrix}$$

という関係によって (X, Y) に変換すると($\begin{pmatrix} x \\ y \end{pmatrix}$ から $\begin{pmatrix} X \\ Y \end{pmatrix}$ への変換は O^{-1} による)，(21)は

$${}^{t}(X, Y)\,{}^{t}O\begin{pmatrix} a & h \\ h & b \end{pmatrix}O(X, Y) \qquad (22)$$

となる．直交行列については ${}^tO = O^{-1}$ が成り立つから，この式は

$$ {}^t(X, Y)O^{-1}\begin{pmatrix} a & h \\ h & b \end{pmatrix}O(X, Y) $$

と書いてもよい．

$A = \begin{pmatrix} a & h \\ h & b \end{pmatrix}$ は対称行列だから，固有値問題の結果(69頁参照)を使うと，適当に直交行列 O をとると

$$ O^{-1}\begin{pmatrix} a & h \\ h & b \end{pmatrix}O = \begin{pmatrix} \lambda_1 & 0 \\ 0 & \lambda_2 \end{pmatrix} $$

となる．λ_1, λ_2 は A の固有値である．このとき(22)は

$$ \lambda_1 X^2 + \lambda_2 Y^2 \tag{23} $$

となり，(21)，したがって(19)は標準形へと変形されたのである．

すなわち，標準形に直すために新しく採用した座標軸は

$$ A\boldsymbol{e}_1 = \lambda_1 \boldsymbol{e}_1, \quad A\boldsymbol{e}_2 = \lambda_2 \boldsymbol{e}_2 $$

をみたす正規直交基底 $\{\boldsymbol{e}_1, \boldsymbol{e}_2\}$ から決まる座標軸であり，直交行列 O は，この座標軸への回転を与えているのである．

楕円の場合でいえば，(20)と(23)を見くらべてみるとすぐわかるように，楕円の長軸と短軸の半径は，行列 A の固有値 λ_1, λ_2 によって

$$ \frac{1}{\sqrt{\lambda_1}}, \quad \frac{1}{\sqrt{\lambda_2}} $$

で与えられている．一方，λ_1, λ_2 は

$$ \begin{vmatrix} \lambda - a & -h \\ -h & \lambda - b \end{vmatrix} = 0 \tag{24} $$

の解として求められる(71頁の議論参照)．したがってこの解は，行列 A を直交行列によって変換してみても(楕円の形は変わらないのだから！)不変なのである．

この(24)の解 λ の不変性を最初に発見したのは，1850年代から70年代にかけて，同次式と不変式を代数的な立場から詳細に研究していたシルヴェスターであった．幾何学的な立場からの直交行列による変換——内積を保つ変換——は，2次形式の変数変換とは ${}^tO = O^{-1}$ の関係によって結びつき，固有値問題は2次形式の理論と

関連しながら発展し，それは同時に行列論を育てることにもなった．

固有値問題は，19 世紀までは代数学の立場で扱われていたが，実際は微分方程式の境界値問題からも固有値問題というものが登場していたのである．これらを含めて総括的に固有値問題が広く線形写像の立場で取り扱われるようになったのは，1910 年以降のことであると思われる．関数解析学の進歩がその視点を強めた．1924 年に出版されたヒルベルト-クーラントの『数理物理学の方法』の第 1 巻は固有値問題を，幾何学や代数学の視点から完全に解放し，“現代数学の方法”ともいえるような立脚点にまで高めてしまったのである．

先生との対話

山田君が皆を代表するような形で質問に立った．

「昨日何人かの友だちと話し合ったのですが，線形写像と行列と行列式の 3 つの言葉のうち，線形写像と行列の関係は大体わかってきました．しかし行列式との関係がまだよくわかりません．行列式についてもここで簡単にお話しして頂けませんでしょうか．」

「行列式についてお話すると時間がかかるので，いままで述べないできたのです．でも，行列式とは何かということを頭に入れておく必要もありますので，ごく大筋だけをお話ししてみましょう．」

先生はそういわれてから，教壇の上を行ったり来たりしながら，考え出された．前列に坐っている人には「どこから話したらよいのかな」と先生が呟く声が聞えた．やがて先生が話しはじめられた．

「2 次の行列式とは，4 つの数 a_1, a_2, b_1, b_2 を行列のように配置して

$$\begin{vmatrix} a_1 & b_1 \\ a_2 & b_2 \end{vmatrix}$$

と書いたものですが，行列と違うのはこれは

$$a_1 b_2 - a_2 b_1 \tag{25}$$

という式を表わしているということです．この式は幾何学的には，

座標平面上で始点を原点Oにとって表わした2つのベクトル

$$\boldsymbol{a} = \begin{pmatrix} a_1 \\ a_2 \end{pmatrix}, \quad \boldsymbol{b} = \begin{pmatrix} b_1 \\ b_2 \end{pmatrix}$$

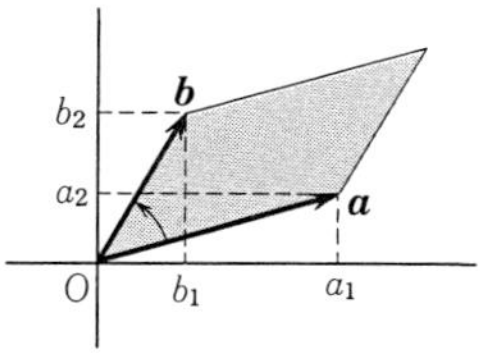

のつくる平行四辺形の面積を表わしています．しかし面積といっても**符号をつけた面積**で，$\boldsymbol{a}$ から $\boldsymbol{b}$ へ回る向きが時計の針と逆向きならば面積そのものですが，時計の針と同じ向きならば，面積に負の符号をつけたものを行列式の値とします．(25)がその意味での平行四辺形の面積となっていることは少し計算してみるとわかります．

同じように3次の行列式

$$\begin{vmatrix} a_1 & b_1 & c_1 \\ a_2 & b_2 & c_2 \\ a_3 & b_3 & c_3 \end{vmatrix}$$

とは，座標空間 $\boldsymbol{R}^3$ の中の3つのベクトル

$$\boldsymbol{a} = \begin{pmatrix} a_1 \\ a_2 \\ a_3 \end{pmatrix}, \quad \boldsymbol{b} = \begin{pmatrix} b_1 \\ b_2 \\ b_3 \end{pmatrix}, \quad \boldsymbol{c} = \begin{pmatrix} c_1 \\ c_2 \\ c_3 \end{pmatrix}$$

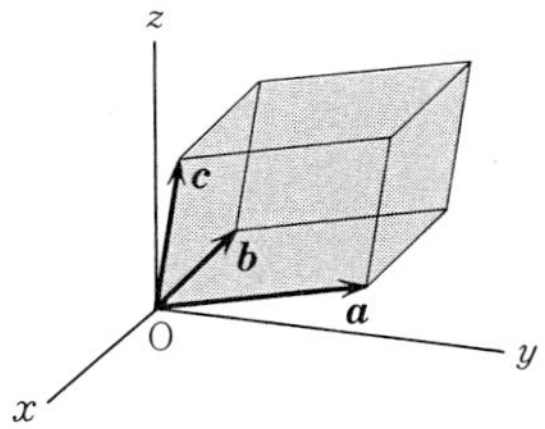

のつくる平行六面体の“符号をつけた体積”を表わしています.」

「符号をつけた体積というけれど，どうやって符号をつけるのかな.」

と誰かがいった．先生は

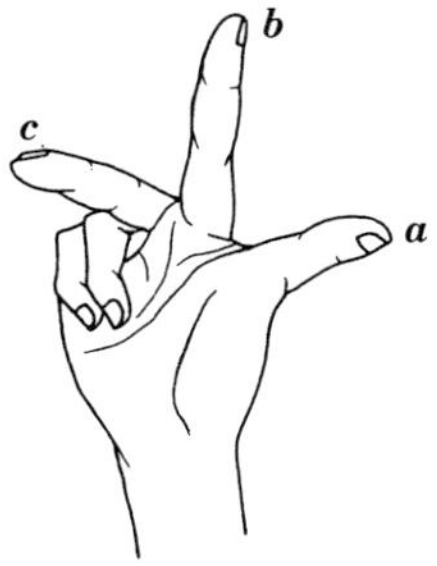

「$\{a, b, c\}$ が右手系のときは正，左手系のときは負と符号をきめるのです．右手系とは，このように右手の親指，人差指，中指を立てたとき，$\boldsymbol{a}, \boldsymbol{b}, \boldsymbol{c}$ がこの順になっているということです.」

といわれて，右手を高く上げて皆に示された．それからゆっくりした口調で問いかけられた．

「このように定義したとき，式の形はまだわからないとしても，次の基本性質が成り立つことはすぐにわかりますか.」

といわれて，黒板に次のように書かれた

$$\text{(I)} \quad \begin{vmatrix} a_1+a_1' & b_1 & c_1 \\ a_2+a_2' & b_2 & c_2 \\ a_3+a_3' & b_3 & c_3 \end{vmatrix} = \begin{vmatrix} a_1 & b_1 & c_1 \\ a_2 & b_2 & c_2 \\ a_3 & b_3 & c_3 \end{vmatrix} + \begin{vmatrix} a_1' & b_1 & c_1 \\ a_2' & b_2 & c_2 \\ a_3' & b_3 & c_3 \end{vmatrix}$$

$$(\text{II})\quad \begin{vmatrix} \alpha a_1 & b_1 & c_1 \\ \alpha a_2 & b_2 & c_2 \\ \alpha a_3 & b_3 & c_3 \end{vmatrix} = \alpha \begin{vmatrix} a_1 & b_1 & c_1 \\ a_2 & b_2 & c_2 \\ a_3 & b_3 & c_3 \end{vmatrix}$$

（Ⅲ） どれでもよいが2つの列，たとえば1列目と3列目を入れかえると符号がかわる：

$$\begin{vmatrix} a_1 & b_1 & c_1 \\ a_2 & b_2 & c_2 \\ a_3 & b_3 & c_3 \end{vmatrix} = -\begin{vmatrix} c_1 & b_1 & a_1 \\ c_2 & b_2 & a_2 \\ c_3 & b_3 & a_3 \end{vmatrix}$$

$$(\text{IV})\quad \begin{vmatrix} 1 & 0 & 0 \\ 0 & 1 & 0 \\ 0 & 0 & 1 \end{vmatrix} = 1$$

明子さんがノートに何か図を書いて考えていたが，やがて前に出て，その図を黒板に写してから説明した．

「私は(Ⅰ)と(Ⅱ)が成り立つ理由を考えてみました．(Ⅰ)については，まず $\boldsymbol{a}, \boldsymbol{b}$ が乗っている平面上で，$\boldsymbol{a}, \boldsymbol{b}$ を2辺とする平行四辺形と，$\boldsymbol{a}', \boldsymbol{b}$ を2辺とする平行四辺形の面積の和が，なぜ $\boldsymbol{a}+\boldsymbol{a}'$, $\boldsymbol{b}$ を2辺とする平行四辺形の面積に等しいかを考えてみました．それはこの図を見るとわかります．平行四辺形の面積は，この図でい

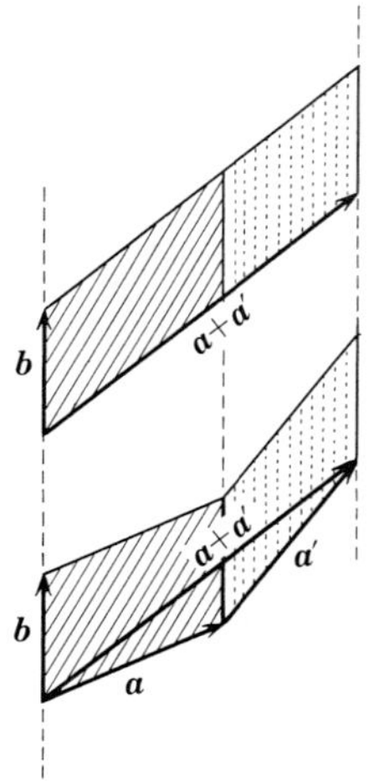

斜線と点を打ってある
2つの平行四辺形の
面積はそれぞれ等しい

えば，$\boldsymbol{b}$ 方向の“枠”を止めておく限りでは，他の 2 辺をどのように平行にスライドさせても変わらないという事実を使うのです．このことさえいえれば，平行六面体の残りの 1 辺 $\boldsymbol{c}$ を止めておけば，$\boldsymbol{a}, \boldsymbol{b}$ の乗っている平面からの高さは一定ですから，$\{\boldsymbol{a}, \boldsymbol{b}, \boldsymbol{c}\}$ と $\{\boldsymbol{a}', \boldsymbol{b}, \boldsymbol{c}\}$ のつくる平行六面体の体積の和は，$\{\boldsymbol{a}+\boldsymbol{a}', \boldsymbol{b}, \boldsymbol{c}\}$ のつくる平行六面体の体積に等しいことがわかります．これが(Ⅰ)です．

(Ⅱ)は，1 辺 $\boldsymbol{a}$ を α 倍すれば体積は α 倍になるということですから，これは明らかです．」

小林君がすぐに

「α が負のときもいいの？」

と聞いた．明子さんが少し考えて

「α が負のときには，$\alpha\boldsymbol{a}$ は $\boldsymbol{a}$ と逆向きになるから，たとえば $\{\boldsymbol{a}, \boldsymbol{b}, \boldsymbol{c}\}$ が右手系ならば $\{\alpha\boldsymbol{a}, \boldsymbol{b}, \boldsymbol{c}\}$ は左手系になり，(Ⅱ)の符号は，両辺同時に負となるから大丈夫よ．」

といった．右手の指と左手の指を立てて見くらべていた村野君が

「(Ⅲ)は，$\{\boldsymbol{a}, \boldsymbol{b}, \boldsymbol{c}\}$ が右手系ならば，$\boldsymbol{a}$ と $\boldsymbol{c}$ を取りかえて並べた $\{\boldsymbol{c}, \boldsymbol{b}, \boldsymbol{a}\}$ は左手系となりますから，“符号をつけた体積”の定義から成り立ちます．」

といった．先生がそこでまた話をはじめられた．

「皆のいう通りです．(Ⅳ)は 1 辺が 1 の立方体の体積は 1 である，ということです．これで(Ⅰ)から(Ⅳ)までがすべて成り立つことがわかりました．ところが，平行六面体の体積ということは，ひとまず忘れて，(Ⅰ), (Ⅱ), (Ⅲ), (Ⅳ)の性質だけに注目することにすると，不思議なことに，この性質をみたすものは“符号をつけた正六面体の体積”しかなくて，それは式で書くと次のように表わされるのです．

$$\begin{vmatrix} a_1 & b_1 & c_1 \\ a_2 & b_2 & c_2 \\ a_3 & b_3 & c_3 \end{vmatrix} = a_1b_2c_3+a_3b_1c_2+a_2b_3c_1-a_3b_2c_1-a_1b_3c_2-a_2b_1c_3$$

すなわち，(Ⅰ), (Ⅱ), (Ⅲ), (Ⅳ)は，3 次の行列式を完全に特性づけているのです．

一般に n 次の行列式

$$\begin{vmatrix} a_{11} & a_{12} & \cdots & a_{1n} \\ a_{21} & a_{22} & \cdots & a_{2n} \\ \multicolumn{4}{c}{\cdots\cdots\cdots\cdots} \\ a_{n1} & a_{n2} & \cdots & a_{nn} \end{vmatrix}$$

も，n 個の列ベクトルに対して(Ⅰ),(Ⅱ),(Ⅲ),(Ⅳ)に対応した性質をみたすものとして完全に特性づけられます．それは式で書くと

$$\sum_{\sigma} \pm a_{1\sigma(1)} a_{2\sigma(2)} \cdots a_{n\sigma(n)}$$

($\{\sigma(1), \sigma(2), \cdots, \sigma(n)\}$ は，$\{1, 2, \cdots, n\}$ の置換(並びかえ)を表わしている)の形となりますが，幾何学的には，$\boldsymbol{R}^n$ の n 個のベクトル $\boldsymbol{a}_1 = (a_{11}, a_{21}, \cdots, a_{n1}), \cdots, \boldsymbol{a}_n = (a_{1n}, a_{2n}, \cdots, a_{nn})$ のつくる平行体の符号をつけた体積と考えてもよいのです．なおこの符号は，2 つのベクトルを入れかえるたびに，符号が変わるというようにつけられています．」

かず子さんが不思議そうに

「でもどうしてこの行列式が線形写像の理論と関係するのかしら」と質問した．

「線形写像と行列式は本来異なるものです．行列式は連立方程式の解の一般的な公式を求めるために，17 世紀に関孝和とライプニッツによって独立に見出されたものです．しかし線形写像と行列式とは本質的には 2 つの線で結びついてくるのです．それを 3 次元の場合に説明しましょう．

$\boldsymbol{R}^3$ から $\boldsymbol{R}^3$ への線形写像 T が，同型写像かどうかは，$\boldsymbol{R}^3$ の標準基底 $\{(1,0,0), (0,1,0), (0,0,1)\}$ が T によって 1 次独立なベクトルに移るかどうかで決まります．それは T を行列

$$A = \begin{pmatrix} a_{11} & a_{12} & a_{13} \\ a_{21} & a_{22} & a_{23} \\ a_{31} & a_{32} & a_{33} \end{pmatrix}$$

で表わしてみると，各列ベクトルが 1 次独立かどうかということです．ところが，もし 1 次独立でなければ，この列ベクトルのつくる

平行六面体はつぶれて，体積は0となります．逆に体積が0でなければ，列ベクトルは3本独立な方向を向いていますから，1次独立となります．そのことから，線形写像 T が，したがってまた行列 A が同型写像となる必要十分条件は

$$\begin{vmatrix} a_{11} & a_{12} & a_{13} \\ a_{21} & a_{22} & a_{23} \\ a_{31} & a_{32} & a_{33} \end{vmatrix} \neq 0$$

で与えられることがわかります．すなわち，行列式の方を計算して0でないことさえわかれば，同型写像ということがわかってしまうのです．実際このとき A の逆行列 A^{-1} の形も，行列式を用いて表わすことができます．（この部分が連立1次方程式のクラーメルの解法と関係してきます．）逆行列 A^{-1} とは，同型写像 A の逆写像を表わしているのですね．

線形写像と行列式が結びつくもう1つの線は写像の合成から生じてきます．$\boldsymbol{R}^3$ から $\boldsymbol{R}^3$ への2つの線形写像 S と T があると，この2つの写像を合成することにより，線形写像

$$S \circ T : \boldsymbol{R}^3 \xrightarrow{T} \boldsymbol{R}^3 \xrightarrow{S} \boldsymbol{R}^3$$

が得られます．S, T を表わす行列をそれぞれ A, B とすると，$S \circ T$ を表わす行列は，A と B の積 AB となります．この行列の積は，もちろん行列式とまったく無関係に定義されています．ところがこのとき行列式の方も積になって

$$|AB| = |A||B|$$

が成り立つのです．ここで $|\ \ |$ と表わしたのは，たとえば $|AB|$ は行列 AB の行列式を表わしています．線形写像の合成ということが，行列式を通すと実数のかけ算に結びつくのですね．行列の理論の中では，行列の積（合成写像！）をどんどんとっていくことで，行列を簡単にするような議論がよく行なわれます．そのプロセスは行列式をとってみると，数のかけ算へと投影されてくるのです．」

問　　題

［1］ n 次元の内積空間で，$n+1$ 個の元 $\boldsymbol{x}_1, \boldsymbol{x}_2, \cdots, \boldsymbol{x}_{n+1}$ が，$(\boldsymbol{x}_i, \boldsymbol{x}_j)=0$ $(i \neq j)$ という関係をみたしていれば，そのうちの少なくも 1 つは $\boldsymbol{0}$ となることを示しなさい．

［2］(1) $\boldsymbol{R}^3$ で，$3x+2y-4z=0$ は，$\mathrm{P}=(3,2,-4)$ とおいたとき，$\overrightarrow{\mathrm{OP}}$ に直交する平面の式を表わしていることを示しなさい．

(2) 点 $(2,1,1)$ から，この平面に下ろした垂線の長さを求めなさい．

［3］ 内積空間の 2 つのベクトル $\boldsymbol{x}, \boldsymbol{y}$ が 1 次従属であるための必要十分条件は $|(\boldsymbol{x}, \boldsymbol{y})|=\|\boldsymbol{x}\|\|\boldsymbol{y}\|$ が成り立つことであることを示しなさい．

お茶の時間

質問　“先生との対話”での話し合いを聞いているうちに，行列式のことが少しわかってきたような気がしてきました．ところで，ぼくのいまもっている行列式についての知識だけで，連立方程式のクラーメルの解法を理解することができるでしょうか．

答　十分できると思うので，説明してみることにしよう．簡単のために，3 元 1 次の連立方程式に対して，クラーメルの解法を述べてみることにする．この解を 3 次の行列式を用いて表わすのである．いま 3 元 1 次の連立方程式

$$\begin{cases} ax+by+cz=d \\ a'x+b'y+c'z=d' \\ a''x+b''y+c''z=d'' \end{cases} \qquad (*)$$

を考える．ここで

$$A=\begin{pmatrix} a & b & c \\ a' & b' & c' \\ a'' & b'' & c'' \end{pmatrix}, \quad \boldsymbol{x}=\begin{pmatrix} x \\ y \\ z \end{pmatrix}, \quad \boldsymbol{d}=\begin{pmatrix} d \\ d' \\ d'' \end{pmatrix}$$

とおくと，この連立方程式は

$$A\boldsymbol{x} = \boldsymbol{d}$$

と表わすことができる．この式でどんな $\boldsymbol{d}$ をとっても，解ベクトル $\boldsymbol{x}$ がただ1つ決まるということは，とりも直さず A が $\boldsymbol{R}^3$ から $\boldsymbol{R}^3$ への同型写像であって

$$\boldsymbol{x} = A^{-1}\boldsymbol{d}$$

と表わされることを意味している．だから，(*)の解を求めるということは，A^{-1} の具体的な形を知ることであるといってもよいのである．

ところで，A が同型写像である条件は，A の行列式 $|A|$ を用いていえば

$$|A| \neq 0$$

で与えられる．したがってこのときに限って，右辺の d, d', d'' を勝手に1つとったとき，(*)の解がただ1つ決まるということになる．そこでこの解を x_0, y_0, z_0 としよう：

$$\begin{aligned} ax_0 + by_0 + cz_0 &= d \\ a'x_0 + b'y_0 + c'z_0 &= d' \\ a''x_0 + b''y_0 + c''z_0 &= d'' \end{aligned}$$

この関係から

$$\begin{vmatrix} ax_0 + by_0 + cz_0 & b & c \\ a'x_0 + b'y_0 + c'z_0 & b' & c' \\ a''x_0 + b''y_0 + c''z_0 & b'' & c'' \end{vmatrix} = \begin{vmatrix} d & b & c \\ d' & b' & c' \\ d'' & b'' & c'' \end{vmatrix} \qquad (**)$$

が得られる．行列式の性質(Ⅰ),(Ⅱ)を使うと左辺の行列式は

$$x_0 \begin{vmatrix} a & b & c \\ a' & b' & c' \\ a'' & b'' & c'' \end{vmatrix} + y_0 \begin{vmatrix} b & b & c \\ b' & b' & c' \\ b'' & b'' & c'' \end{vmatrix} + z_0 \begin{vmatrix} c & b & c \\ c' & b' & c' \\ c'' & b'' & c'' \end{vmatrix}$$

となる．ところがこの和の2番目，3番目に現われた行列式は実は，行列式の性質(Ⅲ)から0に等しいことがわかる．実際，たとえば2番目の行列式で1列目と2列目をとりかえてみると符号がかわるから

$$\begin{vmatrix} b & b & c \\ b' & b' & c' \\ b'' & b'' & c'' \end{vmatrix} = -\begin{vmatrix} b & b & c \\ b' & b' & c' \\ b'' & b'' & c'' \end{vmatrix}$$

となるが，両辺同じ行列式だから，この値は0である．(3番目の行列式が0であることを示すには，1列目と3列目をとりかえてみるとよい．)

したがって(**)の式は結局

$$x_0 \begin{vmatrix} a & b & c \\ a' & b' & c' \\ a'' & b'' & c'' \end{vmatrix} = \begin{vmatrix} d & b & c \\ d' & b' & c' \\ d'' & b'' & c'' \end{vmatrix}$$

となる．左辺の行列式は $|A|$ であって，$|A| \neq 0$ に注意すると，これから

$$x_0 = \frac{1}{|A|} \begin{vmatrix} d & b & c \\ d' & b' & c' \\ d'' & b'' & c'' \end{vmatrix}$$

と表わされることがわかる．同様の考えで

$$y_0 = \frac{1}{|A|} \begin{vmatrix} a & d & c \\ a' & d' & c' \\ a'' & d'' & c'' \end{vmatrix}, \quad z_0 = \frac{1}{|A|} \begin{vmatrix} a & b & d \\ a' & b' & d' \\ a'' & b'' & d'' \end{vmatrix}$$

となることもわかる．

すなわち(*)の解 x_0, y_0, z_0 が，行列式を用いて表わされたのである．これを**クラーメルの解法**という．

木曜日

複素ベクトル空間

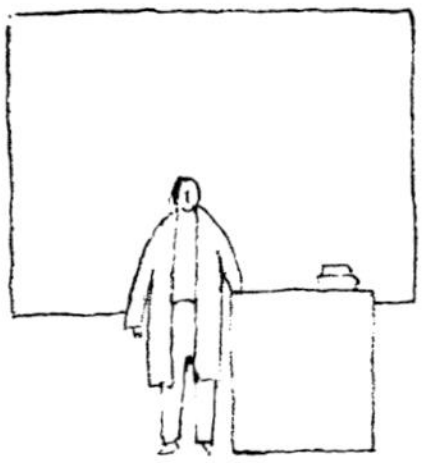

先生の話

昨日お話ししたように，固有値問題はベクトル空間の理論の枠を実数から複素数へと広げる契機を含んでいました．このことをもう一度詳しく3次元の場合に述べてみますと次のようになります．

3次元の固有値問題は，行列を用いて表わすと

$$\begin{pmatrix} a_{11} & a_{12} & a_{13} \\ a_{21} & a_{22} & a_{23} \\ a_{31} & a_{32} & a_{33} \end{pmatrix} \begin{pmatrix} x_1 \\ x_2 \\ x_3 \end{pmatrix} = \lambda \begin{pmatrix} x_1 \\ x_2 \\ x_3 \end{pmatrix} \qquad (1)$$

が，$x_1=x_2=x_3=0$ 以外に解があるような λ を求めよ，というところからスタートします．この式を

$$A\boldsymbol{x} = \lambda\boldsymbol{x}, \qquad \boldsymbol{x} = \begin{pmatrix} x_1 \\ x_2 \\ x_3 \end{pmatrix} \qquad (2)$$

と表わすことにします．A は上の左辺に現われている3次の正方行列を表わしています．$\boldsymbol{R}^3$ から $\boldsymbol{R}^3$ への恒等写像を I と表わすと（すなわち $I(\boldsymbol{x})=\boldsymbol{x}$ をみたす写像），(2)は移項して

$$(\lambda I - A)\boldsymbol{x} = \boldsymbol{0} \qquad (3)$$

とも表わされます．もし $\lambda I-A$ が $\boldsymbol{R}^3$ から $\boldsymbol{R}^3$ への同型写像ならば，$\lambda I-A$ で移されて $\boldsymbol{0}$ になる元は $\boldsymbol{x}=\boldsymbol{0}$ しかありません．ですから，適当な λ をとると(3)をみたす $\boldsymbol{x}$ が0以外にあるのは，$\lambda I-A$ が同型写像でない場合なのです．

逆にもし $\lambda I-A$ が同型写像でないならば，$\mathrm{Im}(\lambda I-A)$ の次元は3次元より小さくなり（$\boldsymbol{R}^3$ の基底が，$\lambda I-A$ で $\boldsymbol{R}^3$ の基底へと移されないから），したがって，火曜日に示した基本関係から（44頁参照）

$$\dim \mathrm{Ker}(\lambda I-A) = 3-\dim \mathrm{Im}(\lambda I-A) > 0$$

となります．この式は(3)をみたす $\boldsymbol{x}$ が $\boldsymbol{0}$ 以外にあるということを示しています．

すなわち，私たちは次のことがわかりました．

λ が A の固有値 $\Longleftrightarrow$ $\lambda I-A$ が同型写像でない

ところが同型写像であるかないかの判定は，昨日の“先生との対話”の最後に話したように，行列式が0でないか，0となるかで示されることであって，それは行列式の重要な役目の1つでした．したがって $\lambda I-A$ の行列式を $|\lambda I-A|$ と書くと，上の同値な条件は

λ が A の固有値 $\Longleftrightarrow$ λ は $|\lambda I-A|=0$ をみたす

となります．この右辺の条件は，(1)にしたがって具体的に書くと

$$\begin{vmatrix} \lambda-a_{11} & -a_{12} & -a_{13} \\ -a_{21} & \lambda-a_{22} & -a_{23} \\ -a_{31} & -a_{32} & \lambda-a_{33} \end{vmatrix} = 0$$

となりますが，3次の行列式の形は知っていますから，この行列式を展開することができます．その結果は，

$$\lambda^3-(a_{11}+a_{22}+a_{33})\lambda+(a_{11}a_{22}+a_{11}a_{33}+a_{22}a_{33}$$
$$-a_{12}a_{21}-a_{13}a_{31}-a_{23}a_{32})\lambda-|A| = 0$$

となります．定数項に現われた $|A|$ は A の行列式です．

いまわかったことによると，この λ についての3次方程式の3つの解(重解も別々に数えて)が，“ちょうど A の固有値”となっているのです．

しかし，実は“ちょうど A の固有値”になると書いたのは，いままでの私たちの立場では正しい言い方ではありません．なぜかというと，一般に3次方程式は虚解をもっており，そのときには λ は複素数となってしまうからです．ここに固有値問題が，線形性の中に方程式との関連がある場所をつくり出したといってよいでしょう．しかしそれによって，ベクトル空間の理論を複素数上で構成する方が，いっそう広い広がりをもつことが認識されてきました．複素数の上でベクトル空間の理論をつくると，それは数学の中で完全に整備された理論となってきます．今日はその理論の最初から話してみることにします．

複素ベクトル空間

複素数全体の集合を $\boldsymbol{C}$ で表わすことにしよう．

複素ベクトル空間 $\boldsymbol{V}$ というのは，月曜日に与えたベクトル空間の定義の中で実数を複素数におきかえ，とくにスカラー倍の定義を“複素数 α と $\boldsymbol{x}\in\boldsymbol{V}$ に対してスカラー倍とよばれる演算があって $\alpha\boldsymbol{x}\in\boldsymbol{V}$ が決まり”と直したものである．要するに $\boldsymbol{V}$ の中では

加法：$\boldsymbol{x}+\boldsymbol{y}$

スカラー倍：$\alpha\boldsymbol{x}$　$(\alpha\in\boldsymbol{C})$

という2つの演算が成り立ち，演算規則としては月曜日の定義で述べた(i)から(viii)までが成り立つようなものである．

これに対し，いままでのようにスカラー倍として実数だけをとったベクトル空間を**実ベクトル空間**という．

したがって代数的な立場に立つ限り，演算規則が同じである以上，月曜日や火曜日に述べた定義や定理はそのまま複素ベクトル空間でも成り立つということを意味している．

それでは違いはどこにあるのか？　それは理論を進めていくときに，私たちが，はっきり意識するかどうかは別として，いままでその背景においていた幾何学的な描像が複素ベクトル空間のときは取り除かれてしまったということである．たとえばいままでは $\alpha\in\boldsymbol{R}$, $\boldsymbol{x}\in\boldsymbol{V}$ に対して $\alpha\boldsymbol{x}$ と書くときは，$\boldsymbol{x}$ を有向線分と考え，それを α 倍（$\alpha>0$ のとき），または向きを逆にして $|\alpha|$ 倍（$\alpha<0$ のとき）したものを考えるとよかった．α をいろいろに変えたとき，$\alpha\boldsymbol{x}$ は有向線分 $\boldsymbol{x}$ を延長した1直線上をいろいろに変化する有向線分と考えればよかったのである．しかし $\alpha\in\boldsymbol{C}$ のときには $\alpha\boldsymbol{x}$ で何を思い浮かべてよいのかよくわからないのである．α をいろいろに動かすと，α はガウス平面上を動く．$\alpha\boldsymbol{x}$ にガウス平面のイメージを重ねると，こんどは

$$\alpha\boldsymbol{x}+\beta\boldsymbol{y} \qquad (\alpha, \beta\in\boldsymbol{C})$$

に，$\boldsymbol{x}$ と $\boldsymbol{y}$ ではられる平面像をおくことはできなくなってしまう．

複素ベクトル空間を考えるときにも，私たちはどこかに実ベクトル空間の場合と同じように幾何学的なイメージをおいている．しかしそれは取り出せるようなものではなく，はるかに抽象的な姿となっている．実ベクトル空間で培った幾何学的な感性が，複素ベクトル空間の理論構成を進めさせ，またその理解を助けてくれることは確かである．しかしそこに何らかの具象的イメージを付すことは一般にはむずかしくなる．理論を実際動かしているのは，純粋に代数的な世界なのである．

そのことを理解してもらった上で，私たちは，複素ベクトル空間に対しても，1次独立や1次従属や，次元や，また線形写像の概念は，そのまま用いることにする．たとえば $\{\boldsymbol{x}_1, \boldsymbol{x}_2, \cdots, \boldsymbol{x}_n\}$ が1次従属とは，少なくとも1つは0でない適当な $\alpha_i \in \boldsymbol{C}$ をとると

$$\alpha_1 \boldsymbol{x}_1 + \alpha_2 \boldsymbol{x}_2 + \cdots + \alpha_n \boldsymbol{x}_n = \boldsymbol{0}$$

が成り立つことである．

スカラー倍を，実数から複素数へと読み直すことによって，月曜日，火曜日で述べたことは，そのまま複素ベクトル空間で成り立つ．

固有値，固有ベクトル，固有空間の定義

今日これからの話では，**有限次元の複素ベクトル空間**だけを取り扱うことにする．そのためこれを単にベクトル空間として引用することにしよう．したがって $\boldsymbol{V}$ が n 次元ということは，$\boldsymbol{V}$ の中に1次独立な n 個の元 $\boldsymbol{e}_1, \boldsymbol{e}_2, \cdots, \boldsymbol{e}_n$ が存在して，$\boldsymbol{V}$ の元 $\boldsymbol{x}$ は，ただ1通りに

$$\boldsymbol{x} = \alpha_1 \boldsymbol{e}_1 + \alpha_2 \boldsymbol{e}_2 + \cdots + \alpha_n \boldsymbol{e}_n$$

と表わされているということである．ここで $\alpha_1, \alpha_2, \cdots, \alpha_n$ は複素数である．

さて $\boldsymbol{V}$ を n 次元のベクトル空間とする．複素ベクトル空間上で考えると線形写像の固有値と固有ベクトルと固有空間の定義が次のように明確になる．

定義　T を $\boldsymbol{V}$ から $\boldsymbol{V}$ への線形写像とする．

（Ⅰ）$\mathbf{0}$ でないあるベクトル $\boldsymbol{x}$ に対して

$$T(\boldsymbol{x}) = \lambda \boldsymbol{x}$$

が成り立つとき，複素数 λ を T の**固有値**という．

（Ⅱ）λ を T の固有値とする．このとき $T(\boldsymbol{x})=\lambda\boldsymbol{x}$ をみたす $\mathbf{0}$ でないベクトル $\boldsymbol{x}$ を，固有値 λ に属する**固有ベクトル**という．

（Ⅲ）λ を T の固有値とする．このとき，λ に属する固有ベクトル全体に $\mathbf{0}$ を加えたものは，$\boldsymbol{V}$ の部分空間 $E(\lambda)$ をつくる：

$$E(\lambda) = \{\boldsymbol{x} \mid T(\boldsymbol{x})=\lambda\boldsymbol{x}\}$$

$E(\lambda)$ を固有値 λ に属する**固有空間**という．

固 有 値

この定義の内容について，ひとつひとつその意味するものを明らかにしていくことにしよう．

まず定義（Ⅰ）の固有値については，次の定理が決定的である．

定理　線形写像 T は少なくとも1つの固有値をもつ．

この定理の解明の筋道を，いままでの話をまとめる形で述べておこう．

$\boldsymbol{V}$ に基底 $\{\boldsymbol{e}_1, \boldsymbol{e}_2, \cdots, \boldsymbol{e}_n\}$ を1つとると，この基底に関して T を n 次の正方行列 A として表わすことができる．A は複素数を成分とする行列であって，その j 列は

$$T(\boldsymbol{e}_j) = \sum_{i=1}^{n} a_{ij}\boldsymbol{e}_i$$

の係数 a_{ij}（$i=1, 2, \cdots, n$）をたてに並べたものになっている：

$$A = \begin{pmatrix} a_{11} & a_{12} & \cdots & a_{1n} \\ a_{21} & a_{22} & \cdots & a_{2n} \\ \cdots & \cdots & \cdots & \cdots \\ a_{n1} & a_{n2} & \cdots & a_{nn} \end{pmatrix}$$

λがTの固有値であるという条件は

$$(\lambda I-T)\boldsymbol{x}=\mathbf{0} \qquad (I\text{は恒等写像})$$

が，$\mathbf{0}$でないあるベクトル$\boldsymbol{x}$で成り立つと書けるが，これは行列では

$$(\lambda I-A)\boldsymbol{x}=\mathbf{0} \qquad (I\text{はここでは単位行列})$$

と表わされる．この式が，$\mathbf{0}$でないあるベクトル$\boldsymbol{x}$で成り立つということは，行列$\lambda I-A$が同型写像を与えていないという条件と同値となり，それは行列式へ移れば

$$|\lambda I-A|=\begin{vmatrix} \lambda-a_{11} & -a_{12} & -a_{1n} \\ -a_{21} & \lambda-a_{22} & -a_{2n} \\ \cdots & \ddots & \cdots \\ -a_{n1} & \cdots & \lambda-a_{nn} \end{vmatrix}=0 \qquad (4)$$

が成り立つということと同値となる．

3次元のときは，(4)がλについての3次の方程式になることは“先生の話”で述べられていたが，一般のときは，(4)はλについてn次の代数方程式になることが知られている．代数学の基本定理(第2週，日曜日参照)によって，**代数方程式は必ず複素数の中に解をもつ**から，(4)をみたす複素数λは必ず存在する．これでTは固有値をもつことがわかった．これが証明の大筋である．

なお，この証明からもわかるように，この定理を一般的に成り立たせるためには，実ベクトル空間から複素ベクトル空間への移行がどうしても必要だったのである．

(4)はλについてn次の方程式だから，異なる解は多くともn個しかない．このように代数的にいってみればごく当り前のことは次の定理を意味していることになる．

定理　線形写像Tは多くともn個の異なる固有値しかもたない．ここでnは$\boldsymbol{V}$の次元である．

固有ベクトル

次に定義(Ⅱ)の固有ベクトルに関係することを述べよう．

T の各固有値に対しては，必ず固有ベクトルが存在する．いま T の固有値の中から，異なるものを**適当に** k 個とって，それを $\lambda_1, \lambda_2, \cdots, \lambda_k$ とする．この固有値に属する固有ベクトルを1つずつとって，それを $\boldsymbol{e}_i$ $(i=1,2,\cdots,k)$ とする：$T\boldsymbol{e}_i=\lambda_i\boldsymbol{e}_i$.

このとき

$\{\boldsymbol{e}_1,\boldsymbol{e}_2,\cdots,\boldsymbol{e}_k\}$ は1次独立である．

［証明］ $k=1$ のときは明らかである(固有ベクトルの定義から $\boldsymbol{e}_1 \neq \boldsymbol{0}$ であることに注意)．数学的帰納法を使うことにして，$k-1$ までは正しかったとする．したがって $\{\boldsymbol{e}_1,\boldsymbol{e}_2,\cdots,\boldsymbol{e}_{k-1}\}$ は1次独立である．いまここに $\boldsymbol{e}_k$ をつけ加えたところ，1次独立でなくなったと仮定して矛盾の生ずることを示せばよい．この仮定は $\boldsymbol{e}_k$ が

$$\boldsymbol{e}_k = \gamma_1\boldsymbol{e}_1+\gamma_2\boldsymbol{e}_2+\cdots+\gamma_{k-1}\boldsymbol{e}_{k-1} \tag{5}$$

と表わされることを意味している．この両辺に T を適用してみると，1つ1つの $\boldsymbol{e}_i$ $(i=1,2,\cdots,k)$ は固有ベクトルだから λ_i 倍されて

$$\lambda_k\boldsymbol{e}_k = \gamma_1\lambda_1\boldsymbol{e}_1+\gamma_2\lambda_2\boldsymbol{e}_2+\cdots+\gamma_{k-1}\lambda_{k-1}\boldsymbol{e}_{k-1}$$

となる．一方，(5)の両辺に λ_k をかけると

$$\lambda_k\boldsymbol{e}_k = \gamma_1\lambda_k\boldsymbol{e}_1+\gamma_2\lambda_k\boldsymbol{e}_2+\cdots+\gamma_{k-1}\lambda_k\boldsymbol{e}_{k-1}$$

となる．この2式を辺々引いて

$$\boldsymbol{0} = \gamma_1(\lambda_1-\lambda_k)\boldsymbol{e}_1+\gamma_2(\lambda_2-\lambda_k)\boldsymbol{e}_2+\cdots+\gamma_{k-1}(\lambda_{k-1}-\lambda_k)\boldsymbol{e}_{k-1}$$

となる．$\{\boldsymbol{e}_1,\boldsymbol{e}_2,\cdots,\boldsymbol{e}_{k-1}\}$ は仮定によって1次独立だったから，これから

$$\gamma_1(\lambda_1-\lambda_k) = \gamma_2(\lambda_2-\lambda_k) = \cdots = \gamma_{k-1}(\lambda_{k-1}-\lambda_k) = 0$$

となる．ここで $\lambda_i \neq \lambda_k$ $(i=1,2,\cdots,k-1)$ を仮定していたことに注意すると，$\gamma_1=\gamma_2=\cdots=\gamma_{k-1}=0$ であることがわかる．したがって(5)から $\boldsymbol{e}_k=\boldsymbol{0}$ となり，これは $\boldsymbol{e}_k$ が固有ベクトルであるという条件

に含まれている $\boldsymbol{e}_k \neq \boldsymbol{0}$ に矛盾する．　（証明終り）

この結果から，とくに T が n 個の相異なる固有値 $\lambda_1, \lambda_2, \cdots, \lambda_n$ をもつときは，対応する n 個の固有ベクトル $\boldsymbol{e}_1, \boldsymbol{e}_2, \cdots, \boldsymbol{e}_n$ は1次独立である．n は $\boldsymbol{V}$ の次元だったから，このとき $\{\boldsymbol{e}_1, \boldsymbol{e}_2, \cdots, \boldsymbol{e}_n\}$ は $\boldsymbol{V}$ の基底となっている．これで次の定理が証明された．

定理　T が n 個の相異なる固有値 $\lambda_1, \lambda_2, \cdots, \lambda_n$ をもつときは，それぞれの固有値に属する固有ベクトル $\boldsymbol{e}_1, \boldsymbol{e}_2, \cdots, \boldsymbol{e}_n$ をとると，これは $\boldsymbol{V}$ の基底をつくる．

したがってこのとき，$\boldsymbol{x} \in \boldsymbol{V}$ を

$$\boldsymbol{x} = \alpha_1 \boldsymbol{e}_1 + \alpha_2 \boldsymbol{e}_2 + \cdots + \alpha_n \boldsymbol{e}_n$$

と表わすと

$$T(\boldsymbol{x}) = \alpha_1 \lambda_1 \boldsymbol{e}_1 + \alpha_2 \lambda_2 \boldsymbol{e}_2 + \cdots + \alpha_n \lambda_n \boldsymbol{e}_n$$

となる．

♣　なお，定義(Ⅲ)の固有空間については，ここでは固有値 λ に属する固有空間 $E(\lambda)$ が部分空間となっていることだけを確かめておこう．実際，$\boldsymbol{x}, \boldsymbol{y} \in E(\lambda)$ とすると，$T(\boldsymbol{x}) = \lambda \boldsymbol{x}$，$T(\boldsymbol{y}) = \lambda \boldsymbol{y}$．したがって $T(\alpha \boldsymbol{x} + \beta \boldsymbol{y}) = \alpha T(\boldsymbol{x}) + \beta T(\boldsymbol{y}) = \lambda(\alpha \boldsymbol{x} + \beta \boldsymbol{y})$ により $\alpha \boldsymbol{x} + \beta \boldsymbol{y}$ も $E(\lambda)$ に属している．

内　積

幾何学的な直観の働く場という視点から見れば，複素ベクトル空間は，実ベクトル空間にくらべてはるかに抽象的なものとなっている．代数的な考えが働けば働くだけ，どこか稀薄な感じがただよってくる．そのことが逆に，複素ベクトル空間に対して，数学の形式を通して幾何学的な概念を導入する必要性があることを示しているようである．この必要性に応えるため，内積の概念を実ベクトル空間の場合にならって複素ベクトル空間に対しても導入することにする．この内積に対しては，直観的な意味を付すわけにはいかないのだが，それでもこの内積を通して私たちの幾何学的なイメージは不

思議に働き出すのである．

実ベクトル空間に対する内積の定義と1つだけ違う点があるので，複素ベクトル空間に対する内積の定義を書いておこう．

定義　複素ベクトル空間 $\boldsymbol{V}$ の2つの元 $\boldsymbol{a}, \boldsymbol{b}$ に対して，複素数 $(\boldsymbol{a}, \boldsymbol{b})$ が対応し，次の性質をみたすとき，$\boldsymbol{V}$ に内積が与えられたといい，$(\boldsymbol{a}, \boldsymbol{b})$ を $\boldsymbol{a}$ と $\boldsymbol{b}$ の**内積**という．

（i）$\alpha, \beta \in \boldsymbol{C}$ に対し

$$(\alpha\boldsymbol{a}_1+\beta\boldsymbol{a}_2, \boldsymbol{b}) = \alpha(\boldsymbol{a}_1, \boldsymbol{b})+\beta(\boldsymbol{a}_2, \boldsymbol{b})$$

（ii）$(\boldsymbol{a}, \boldsymbol{b})=\overline{(\boldsymbol{b}, \boldsymbol{a})}$　（$\overline{}$ は共役複素数を表わしている）

（iii）$(\boldsymbol{a}, \boldsymbol{a}) \geqq 0$；ここで等号が成り立つのは $\boldsymbol{a}=\boldsymbol{0}$ のときに限る．

実ベクトル空間のときの内積と違うのは，$(\boldsymbol{a}, \boldsymbol{b})$ が一般には複素数であり，ふつうの幾何学的量とは結びつきがなくなってきたことである．ただし，$\boldsymbol{a}=\boldsymbol{b}$ のときは(iii)から $(\boldsymbol{a}, \boldsymbol{a})$ は負でない実数で，したがって $\boldsymbol{a}$ の**ノルム**（または長さ）を

$$\|\boldsymbol{a}\| = \sqrt{(\boldsymbol{a}, \boldsymbol{a})}$$

で定義することはできる．(ii)ははじめて見ると，たとえば $(\boldsymbol{a}, \boldsymbol{b})$ が $3+5i$ のとき，$(\boldsymbol{b}, \boldsymbol{a})$ は $3-5i$ であるということをいっているのだから，少し奇妙にみえるかもしれない．しかしこの定義は複素数の長さ（絶対値）の観点に立つと自然なのである．まず(ii)から，(i)を使うと

$$\begin{aligned}(\boldsymbol{a}, \alpha\boldsymbol{b}_1+\beta\boldsymbol{b}_2) &= \overline{(\alpha\boldsymbol{b}_1+\beta\boldsymbol{b}_2, \boldsymbol{a})} = \overline{\alpha(\boldsymbol{b}_1, \boldsymbol{a})}+\overline{\beta(\boldsymbol{b}_2, \boldsymbol{a})} \\ &= \bar{\alpha}\overline{(\boldsymbol{b}_1, \boldsymbol{a})}+\bar{\beta}\overline{(\boldsymbol{b}_2, \boldsymbol{a})} \\ &= \bar{\alpha}(\boldsymbol{a}, \boldsymbol{b}_1)+\bar{\beta}(\boldsymbol{a}, \boldsymbol{b}_2)\end{aligned}$$

となることに注意しておこう．とくにノルムが1の元 $\boldsymbol{e}$ をとったとき，$\alpha \in \boldsymbol{C}$ に対して

$$\|\alpha\boldsymbol{e}\|^2 = (\alpha\boldsymbol{e}, \alpha\boldsymbol{e}) = \alpha\bar{\alpha}(\boldsymbol{e}, \boldsymbol{e}) = \alpha\bar{\alpha}\|\boldsymbol{e}\|^2 = \alpha\bar{\alpha} = |\alpha|^2$$

となる．したがって

$$\boldsymbol{V} \ni \alpha\boldsymbol{e} \longrightarrow \alpha \in \boldsymbol{C}$$

と対応させるとき，$\alpha\boldsymbol{e}$ のノルム（長さ）は，複素平面上の α の長さ

$|\alpha|$ に対応しているのである．

このときもシュワルツの不等式と三角不等式

（iv）　$|(\boldsymbol{a}, \boldsymbol{b})| \leqq \|\boldsymbol{a}\|\|\boldsymbol{b}\|$

（v）　$\|\boldsymbol{a}+\boldsymbol{b}\| \leqq \|\boldsymbol{a}\|+\|\boldsymbol{b}\|$

が成り立つが，これについては明日の話の中でもう一度触れることにする．

内積のとる値として複素数値まで認めたことによって，内積と角の概念とを結びつけるようなことはできなくなったが，それでも次の定義だけは残すことにする．

定義　$\boldsymbol{a}, \boldsymbol{b} \in \boldsymbol{V}$ に対して

$$(\boldsymbol{a}, \boldsymbol{b}) = 0$$

が成り立つとき，$\boldsymbol{a}$ と $\boldsymbol{b}$ は**直交する**という．

幾何学的なものを背景として生まれてきた，この直交性の概念は，不思議にベクトル空間の理論によくなじんだのである．私たちはベクトル空間というとき，どこかイデヤの世界で直交座標を見ているのかもしれない．その私たちがどこかで見ている直交座標は，抽象的には正規直交基底という概念の中に盛りこまれてくる．

正規直交基底

これからは内積の導入された複素ベクトル空間 $\boldsymbol{V}$ を考えることにする．とくに断らない限り $\boldsymbol{V}$ の次元は n とする．

$\boldsymbol{V}$ の正規直交基底の定義は実ベクトル空間のときと同様である．すなわち，$\boldsymbol{V}$ の基底 $\{\boldsymbol{e}_1, \boldsymbol{e}_2, \cdots, \boldsymbol{e}_n\}$ が正規直交基底であるとは

$$(\boldsymbol{e}_i, \boldsymbol{e}_j) = 0\ (i \neq j), \qquad \|\boldsymbol{e}_i\| = 1\ (i=1, 2, \cdots, n)$$

をみたしていることである．ヒルベルト-シュミットの直交法はこのときも適用されるから，**$\boldsymbol{V}$ には必ず正規直交基底が存在する**ことがわかる．

$\boldsymbol{V}$ の正規直交基底を $\{\boldsymbol{e}_1, \boldsymbol{e}_2, \cdots, \boldsymbol{e}_n\}$ とし，$\boldsymbol{a}, \boldsymbol{b} \in \boldsymbol{V}$ を

$$\boldsymbol{a} = \sum_{i=1}^{n} a_i \boldsymbol{e}_i, \qquad \boldsymbol{b} = \sum_{i=1}^{n} b_i \boldsymbol{e}_i$$

と表わすと

$$(\boldsymbol{a}, \boldsymbol{b}) = \sum_{i,j=1}^{n} a_i \bar{b}_j (\boldsymbol{e}_i, \boldsymbol{e}_j) = \sum_{i=1}^{n} a_i \bar{b}_i \tag{6}$$

となる．

いま $\boldsymbol{n}$ 個の複素数の組 $(a_1, a_2, \cdots, a_n)$ 全体のつくる複素ベクトル空間を $\boldsymbol{C}^n$ とする．$\boldsymbol{C}^n$ の演算は，$\boldsymbol{R}^n$ のときと同じように定義する：

$$\alpha(a_1, a_2, \cdots, a_n) + \beta(b_1, b_2, \cdots, b_n)$$
$$= (\alpha a_1 + \beta b_1, \alpha a_2 + \beta b_2, \cdots, \alpha a_n + \beta b_n)$$

$\boldsymbol{C}^n$ に内積を，

$$\boldsymbol{a} = (a_1, a_2, \cdots, a_n), \qquad \boldsymbol{b} = (b_1, b_2, \cdots, b_n)$$

に対して

$$(\boldsymbol{a}, \boldsymbol{b}) = \sum_{i=1}^{n} a_i \bar{b}_i$$

とおいて導入したものを，**$\boldsymbol{n}$ 次元複素ユークリッド空間**という．

このとき(6)は次のことを示している．正規直交基底を導入しておくと，対応

$$\boldsymbol{V} \ni \boldsymbol{a} = \sum_{i=1}^{n} a_i \boldsymbol{e}_i \longrightarrow (a_1, a_2, \cdots, a_n) \in \boldsymbol{C}^n$$

は，$\boldsymbol{V}$ から $\boldsymbol{C}^n$ への(内積もこめて)同型対応を与えている．

直交補空間

$\boldsymbol{V}$ に内積を導入したことで，もっとも重要なことは，いわば $\boldsymbol{V}$ から部分空間 S への射影の方向が決まってきたことである．そのことをこれから説明してみよう．

S を $\boldsymbol{V}$ の部分空間とする．このとき，S のすべての元と直交する $\boldsymbol{V}$ の元全体は，また $\boldsymbol{V}$ の部分空間をつくる．それを $S^{\perp}$ とおく：

$$S^{\perp} = \{\boldsymbol{x} \mid \text{すべての } \boldsymbol{y} \in S \text{ に対し} (\boldsymbol{x}, \boldsymbol{y}) = 0\}$$

$S^{\perp}$ が $\boldsymbol{V}$ の部分空間となることは，$\boldsymbol{x}, \boldsymbol{x}_1 \in S^{\perp}$ ならば，$\alpha, \beta \in \boldsymbol{C}, \boldsymbol{y} \in S$ に対し

$$(\alpha \boldsymbol{x} + \beta \boldsymbol{x}_1, \boldsymbol{y}) = \alpha(\boldsymbol{x}, \boldsymbol{y}) + \beta(\boldsymbol{x}_1, \boldsymbol{y}) = 0$$

となり，したがって $\alpha \boldsymbol{x} + \beta \boldsymbol{x}_1 \in S^{\perp}$ となることからわかる．

定義　$S^{\perp}$ を S の**直交補空間**という．

まず

$$S \cap S^{\perp} = \{0\} \tag{7}$$

であることを注意しておこう．なぜなら $\boldsymbol{x} \in S \cap S^{\perp}$ ならば

$$\overset{\overset{S}{\Cup}}{(\boldsymbol{x}}, \overset{\overset{S^{\perp}}{\Cup}}{\boldsymbol{x})} = 0$$

から $\boldsymbol{x} = \boldsymbol{0}$ がでるからである．

S はもちろん内積をもつ複素ベクトル空間だから，S は正規直交基底をもっている．それを $\{\boldsymbol{e}_1, \boldsymbol{e}_2, \cdots, \boldsymbol{e}_k\}$ とする．$\boldsymbol{x} \in \boldsymbol{V}$ に対して

$$\tilde{\tilde{\boldsymbol{x}}} = \boldsymbol{x} - (\boldsymbol{x}, \boldsymbol{e}_1)\boldsymbol{e}_1 - (\boldsymbol{x}, \boldsymbol{e}_2)\boldsymbol{e}_2 - \cdots - (\boldsymbol{x}, \boldsymbol{e}_k)\boldsymbol{e}_k \tag{8}$$

とおくと

$$(\tilde{\tilde{\boldsymbol{x}}}, \boldsymbol{e}_1) = (\boldsymbol{x}, \boldsymbol{e}_1) - \sum_{i=1}^{n} (\boldsymbol{x}, \boldsymbol{e}_i)(\boldsymbol{e}_i, \boldsymbol{e}_1) = (\boldsymbol{x}, \boldsymbol{e}_1) - (\boldsymbol{x}, \boldsymbol{e}_1) = 0$$

となる．ここで $(\boldsymbol{e}_i, \boldsymbol{e}_1) = 0\ (i \neq 1)$, $(\boldsymbol{e}_1, \boldsymbol{e}_1) = 1$ を用いている．同様にして

$$(\tilde{\tilde{\boldsymbol{x}}}, \boldsymbol{e}_i) = 0 \qquad (i = 2, \cdots, k)$$

したがって，$\tilde{\tilde{\boldsymbol{x}}}$ は $\boldsymbol{e}_1, \boldsymbol{e}_2, \cdots, \boldsymbol{e}_k$ と直交していることがわかり，したがってまた，勝手にとった $c_1, c_2, \cdots, c_k$ に対し $\boldsymbol{y} = c_1\boldsymbol{e}_1 + c_2\boldsymbol{e}_2 + \cdots + c_k\boldsymbol{e}_k \in S$ とも直交している．すなわち

$$\tilde{\tilde{\boldsymbol{x}}} \in S^{\perp}$$

である．したがって

$$\tilde{\boldsymbol{x}} = (\boldsymbol{x}, \boldsymbol{e}_1)\boldsymbol{e}_1 + (\boldsymbol{x}, \boldsymbol{e}_2)\boldsymbol{e}_2 + \cdots + (\boldsymbol{x}, \boldsymbol{e}_k)\boldsymbol{e}_k$$

とおくと，(8)から

$$\boldsymbol{x} = \tilde{\boldsymbol{x}} + \tilde{\tilde{\boldsymbol{x}}}, \quad \tilde{\boldsymbol{x}} \in S, \quad \tilde{\tilde{\boldsymbol{x}}} \in S^{\perp} \tag{9}$$

となる．$\boldsymbol{x} \in \boldsymbol{V}$ は，S 方向の成分 $\tilde{\boldsymbol{x}}$ と，S に直交する方向の成分 $\tilde{\tilde{\boldsymbol{x}}}$ に分解されたのである！

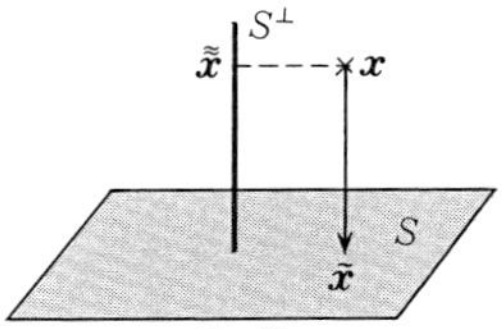

$\boldsymbol{x}=\tilde{\boldsymbol{x}}+\tilde{\tilde{\boldsymbol{x}}}$

なお，(9)のような分解の仕方は，ただ1通りであることを注意しておこう．実際，$\boldsymbol{x}=\tilde{\boldsymbol{x}}+\tilde{\tilde{\boldsymbol{x}}}=\tilde{\boldsymbol{x}}'+\tilde{\tilde{\boldsymbol{x}}}'$ ($\tilde{\boldsymbol{x}}, \tilde{\boldsymbol{x}}' \in S$, $\tilde{\tilde{\boldsymbol{x}}}, \tilde{\tilde{\boldsymbol{x}}}' \in S^{\perp}$) とすると $\tilde{\boldsymbol{x}}-\tilde{\boldsymbol{x}}'=\tilde{\tilde{\boldsymbol{x}}}'-\tilde{\tilde{\boldsymbol{x}}} \in S \cap S^{\perp}$ となり，(7)から $\tilde{\boldsymbol{x}}=\tilde{\boldsymbol{x}}'$, $\tilde{\tilde{\boldsymbol{x}}}=\tilde{\tilde{\boldsymbol{x}}}'$ となるからである．したがって $\boldsymbol{V}$ は

$$\boldsymbol{V} = S \oplus S^{\perp}$$

と直和分解されたことになる．これを S による $\boldsymbol{V}$ の**直交分解**という．

(9)は，$\boldsymbol{V}$ の元 $\boldsymbol{x}$ に対し，$\boldsymbol{x}$ を S に“射影する方向”が確定したことを示している．すなわち，$\boldsymbol{x}$ を S に直交する方向から S に射影すると，S の元 $\tilde{\boldsymbol{x}}$ が得られることを示している．$\boldsymbol{x}$ に $\tilde{\boldsymbol{x}}$ を対応させる写像は明らかに線形写像である．

定義 直交分解 $\boldsymbol{V}=S \oplus S^{\perp}$ にしたがって，$\boldsymbol{V}$ の元 $\boldsymbol{x}$ を $\boldsymbol{x}=\tilde{\boldsymbol{x}}+\tilde{\tilde{\boldsymbol{x}}}$ と表わしたとき，$P\boldsymbol{x}=\tilde{\boldsymbol{x}}$ とおき，P を $\boldsymbol{V}$ から S への**射影作用素**という．

♣ これまで線形写像といってきた言葉づかいは，しだいに線形作用素という言葉におきかわってくる．作用素は，英語 operator の訳である．この写像から作用素へのニュアンスの変り方を説明するのはむずかしいが，ベクトル空間 $\boldsymbol{V}$ の構造よりは，$\boldsymbol{V}$ 上に働くものとしての線形写像の機能性の方が取り出されてきたとみるのだろう．

♣ 内積がないと，部分空間 S に対して，$\boldsymbol{V}=S \oplus T$ となる T のとり方はいろいろあるが，その中から標準的なものを選ぶ基準がないのである．たとえば平面 $\boldsymbol{R}^2$ を $\boldsymbol{R}^2=\boldsymbol{R}^1 \oplus \boldsymbol{R}^1$ と直和にわけるとき，内積(したがって角)の概念がないと，図のように斜交座標系としていろいろなわけ方があり，射影する方向が決まらないのである．

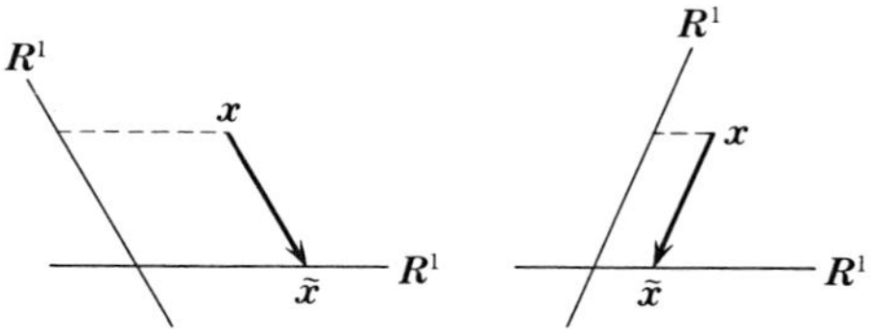

直交分解の 1 つの応用

直交分解の応用として，n 次元ベクトル空間 $\boldsymbol{V}$ から**複素数** $\boldsymbol{C}$ **への線形写像** φ は，適当な $\boldsymbol{y}_0 \in \boldsymbol{V}$ をとると必ず

$$\varphi(\boldsymbol{x}) = (\boldsymbol{x}, \boldsymbol{y}_0)$$

と表わされることを証明してみよう．

$\varphi=0$ ならば，$\boldsymbol{y}_0=\mathbf{0}$ とおくとよい．だから $\varphi \neq 0$ のときを考えることにしよう．そうすると，ある $\boldsymbol{x}_0 \in \boldsymbol{V}$ があって $\varphi(\boldsymbol{x}_0)=\alpha_0 \neq 0$ となる．このときどんな複素数 α をとっても

$$\varphi\left(\frac{\alpha}{\alpha_0}\boldsymbol{x}_0\right) = \alpha\frac{1}{\alpha_0}\varphi(\boldsymbol{x}_0) = \alpha$$

となるから，φ は $\boldsymbol{V}$ から $\boldsymbol{C}$ **の上への**線形写像となっている：$\mathrm{Im}\,\varphi = \boldsymbol{C}$．$\boldsymbol{C}$ はもちろん 1 次元の複素ベクトル空間と考えているから，$\dim \mathrm{Im}\,\varphi=1$ である．

火曜日の線形写像の基本定理(44 頁も参照)によると，このとき

$$\dim \mathrm{Ker}\,\varphi = n-1$$

となる．したがって $\mathrm{Ker}\,\varphi$ の直交補空間 $(\mathrm{Ker}\,\varphi)^{\perp}$ は 1 次元であって，

$$\boldsymbol{V} = \mathrm{Ker}\,\varphi \oplus (\mathrm{Ker}\,\varphi)^{\perp} \tag{10}$$

と直交分解する．$(\mathrm{Ker}\,\varphi)^{\perp}$ から $\mathbf{0}$ でない元 $\boldsymbol{e}_0$ を 1 つとると，($\dim(\mathrm{Ker}\,\varphi)^{\perp}=1$ だから)$(\mathrm{Ker}\,\varphi)^{\perp}$ の元は $\alpha\boldsymbol{e}_0$ ($\alpha \in \boldsymbol{C}$) の形で表わされる．そこでいま(10)の分解にしたがって，$\boldsymbol{V}$ の元 $\boldsymbol{x}$ を

$$\boldsymbol{x} = \tilde{\boldsymbol{x}} + \alpha\boldsymbol{e}_0, \quad \tilde{\boldsymbol{x}} \in \mathrm{Ker}\,\varphi \tag{11}$$

と書くことにする．

このとき

$$(\boldsymbol{x}, \boldsymbol{e}_0) = (\tilde{\boldsymbol{x}}, \boldsymbol{e}_0) + \alpha(\boldsymbol{e}_0, \boldsymbol{e}_0) = \alpha\|\boldsymbol{e}_0\|^2 \tag{12}$$

一方，(11)により

$$\varphi(\boldsymbol{x}) = \varphi(\tilde{\boldsymbol{x}}) + \alpha\varphi(\boldsymbol{e}_0) = \alpha\varphi(\boldsymbol{e}_0) \tag{13}$$

となる．この 2 式を見くらべて

$$\boldsymbol{y}_0 = \frac{\overline{\varphi(\boldsymbol{e}_0)}}{\|\boldsymbol{e}_0\|^2}\boldsymbol{e}_0$$

とおいてみると，すべての $\boldsymbol{x} \in \boldsymbol{V}$ に対し

$$\begin{aligned}(\boldsymbol{x}, \boldsymbol{y}_0) &= \left(\boldsymbol{x}, \frac{\overline{\varphi(\boldsymbol{e}_0)}}{\|\boldsymbol{e}_0\|^2}\boldsymbol{e}_0\right) \\ &= \frac{\varphi(\boldsymbol{e}_0)}{\|\boldsymbol{e}_0\|^2}(\boldsymbol{x}, \boldsymbol{e}_0) = \frac{\varphi(\boldsymbol{e}_0)}{\|\boldsymbol{e}_0\|^2}\alpha\|\boldsymbol{e}_0\|^2 \quad \text{((12)による)} \\ &= \alpha\varphi(\boldsymbol{e}_0) = \varphi(\boldsymbol{x}) \quad \text{((13)による)}\end{aligned}$$

となる．これで $\varphi(\boldsymbol{x})$ は，内積 $(\boldsymbol{x}, \boldsymbol{y}_0)$ として表わされることがわかった．（証明終り）

このような表わし方は実は1通りなのである．すなわち $\varphi(\boldsymbol{x}) = (\boldsymbol{x}, \boldsymbol{y}_0) = (\boldsymbol{x}, \boldsymbol{y}_1)$ と表わされたとすれば $\boldsymbol{y}_0 = \boldsymbol{y}_1$ が成り立つ．実際，$(\boldsymbol{x}, \boldsymbol{y}_0) = (\boldsymbol{x}, \boldsymbol{y}_1)$ がすべての $\boldsymbol{x}$ で成り立てば，$(\boldsymbol{x}, \boldsymbol{y}_0 - \boldsymbol{y}_1) = 0$ となる．とくにここで $\boldsymbol{x} = \boldsymbol{y}_0 - \boldsymbol{y}_1$ とおくと $\|\boldsymbol{y}_0 - \boldsymbol{y}_1\|^2 = 0$ となり，$\boldsymbol{y}_0 = \boldsymbol{y}_1$ が示されるのである．

いま示したことを，まとめて定理として述べておこう．

定理　$\boldsymbol{V}$ から $\boldsymbol{C}$ への線形写像 φ は，ただ1つの $\boldsymbol{y}_0 \in \boldsymbol{V}$ によって，

$$\varphi(\boldsymbol{x}) = (\boldsymbol{x}, \boldsymbol{y}_0)$$

と表わされる．

幾何学的考察から出発して得られた内積という概念は，このようにして線形写像とも結びついてきたのである．内積は，新しい顔を示しはじめたといってもよいのだろう．

随伴作用素

ここでは線形写像という言葉のかわりに，線形作用素という言葉を使うことにする．いま $\boldsymbol{V}$ から $\boldsymbol{V}$ への線形作用素 T を考えることにしよう．また $\boldsymbol{x} \in \boldsymbol{V}$ に対し，$T(\boldsymbol{x})$ のことを単に $T\boldsymbol{x}$ と書くこ

とにしよう．このとき $\boldsymbol{y} \in \boldsymbol{V}$ を1つとめて

$$\varphi_{\boldsymbol{y}}(\boldsymbol{x}) = (T\boldsymbol{x}, \boldsymbol{y})$$

とおくと，$\varphi_{\boldsymbol{y}}(\boldsymbol{x}) \in \boldsymbol{C}$ で，

$$\begin{aligned}\varphi_{\boldsymbol{y}}(\alpha\boldsymbol{x}+\beta\boldsymbol{x}') &= (T(\alpha\boldsymbol{x}+\beta\boldsymbol{x}'), \boldsymbol{y}) = (\alpha T\boldsymbol{x}+\beta T\boldsymbol{x}', \boldsymbol{y}) \\ &= \alpha(T\boldsymbol{x}, \boldsymbol{y})+\beta(T\boldsymbol{x}', \boldsymbol{y}) = \alpha\varphi_{\boldsymbol{y}}(\boldsymbol{x})+\beta\varphi_{\boldsymbol{y}}(\boldsymbol{x}')\end{aligned}$$

となる．したがって $\varphi_{\boldsymbol{y}}$ は $\boldsymbol{V}$ から $\boldsymbol{C}$ への線形写像を与えていることがわかる．この $\varphi_{\boldsymbol{y}}$ に上の定理を使うと，$\tilde{\boldsymbol{y}}$ というただ1つの元が決まって，$\varphi_{\boldsymbol{y}}(\boldsymbol{x}) = (\boldsymbol{x}, \tilde{\boldsymbol{y}})$，すなわち

$$(T\boldsymbol{x}, \boldsymbol{y}) = (\boldsymbol{x}, \tilde{\boldsymbol{y}})$$

が成り立つことがわかる．すべての $\boldsymbol{x}$ に対してこの関係が成り立つような $\tilde{\boldsymbol{y}}$ が，$\boldsymbol{y}$ によってただ1つ決まるのである．そこで

$$\tilde{\boldsymbol{y}} = T^*\boldsymbol{y}$$

とおくと，$(T\boldsymbol{x}, \boldsymbol{y}) = (\boldsymbol{x}, T^*\boldsymbol{y})$ となる．また T^* は $\boldsymbol{V}$ から $\boldsymbol{V}$ への線形写像を与えている．そのことは次のようにしてわかる．

$$\begin{aligned}(\boldsymbol{x}, T^*(\alpha\boldsymbol{y}+\beta\boldsymbol{y}')) &= (T\boldsymbol{x}, \alpha\boldsymbol{y}+\beta\boldsymbol{y}') = \bar{\alpha}(T\boldsymbol{x}, \boldsymbol{y})+\bar{\beta}(T\boldsymbol{x}, \boldsymbol{y}') \\ &= \bar{\alpha}(\boldsymbol{x}, T^*\boldsymbol{y})+\bar{\beta}(\boldsymbol{x}, T^*\boldsymbol{y}') = (\boldsymbol{x}, \alpha T^*\boldsymbol{y}+\beta T^*\boldsymbol{y}')\end{aligned}$$

これがすべての $\boldsymbol{x}$ で成り立つのだから，これから線形性

$$T^*(\alpha\boldsymbol{y}+\beta\boldsymbol{y}') = \alpha T^*\boldsymbol{y}+\beta T^*\boldsymbol{y}'$$

が成り立つことがわかる．

定義　T^* を T の随伴作用素という．

固有値問題と随伴作用素

随伴作用素 T^* は，$\boldsymbol{V}$ の内積を経由して，T から生み出された作用素である．T と T^* の関係は

$$(T\boldsymbol{x}, \boldsymbol{y}) = (\boldsymbol{x}, T^*\boldsymbol{y})$$

で与えられている．

この関係が固有値問題とすぐにかかわりあいをもつことはないようにみえるが，実はそうではないのである．そのため固有値問題をもう一度定式化してみよう．

［固有値問題］ $\boldsymbol{V}$ から $\boldsymbol{V}$ への線形作用素 T がどのような条件をみたすとき，T の固有ベクトルからなる $\boldsymbol{V}$ の正規直交基底 $\{\boldsymbol{e}_1, \boldsymbol{e}_2, \cdots, \boldsymbol{e}_n\}$ $(n=\dim \boldsymbol{V})$ が存在するか.

いま T に対してこの［固有値問題］が成り立ったとしよう．T の**異なる固有値**を $\mu_1, \mu_2, \cdots, \mu_s$ $(s \leqq n)$ とし，それに対応する固有空間を $E(\mu_i)$ とする：

$$E(\mu_i) = \{\boldsymbol{x} \mid T\boldsymbol{x} = \mu_i \boldsymbol{x};\ i=1,2,\cdots,s\}$$

そして

$$\dim E(\mu_i) = k_i$$

とする．このとき T の固有ベクトルからなる正規直交基底 $\{\boldsymbol{e}_1, \boldsymbol{e}_2, \cdots, \boldsymbol{e}_n\}$ の順序を適当にとりかえ，固有値ごとにまとめると

$E(\mu_1)$ の正規直交基底：$\boldsymbol{e}_1, \boldsymbol{e}_2, \cdots, \boldsymbol{e}_{k_1}$ （k_1 個）

$E(\mu_2)$ の正規直交基底：$\boldsymbol{e}_{k_1+1}, \boldsymbol{e}_{k_1+2}, \cdots, \boldsymbol{e}_{k_1+k_2}$ （k_2 個）

…… ……

$E(\mu_s)$ の正規直交基底：$\boldsymbol{e}_{k_1+\cdots+k_{s-1}+1}, \cdots, \boldsymbol{e}_{k_1+k_2+\cdots+k_s}$ （k_s 個）

となる．$k_1+k_2+\cdots+k_s=n$ である．

これらの基底はすべて直交しているのだから，とくに $i \neq j$ のとき，$E(\mu_i)$ の元と $E(\mu_j)$ の元とは互いに直交している．それは記号で $E(\mu_i) \perp E(\mu_j)$ と書いた方が印象が深いかもしれない．

したがって，線形作用素 T に対して固有値問題が解けるときには，$\boldsymbol{V}$ は固有空間の直和として直交分解されて

$$\boldsymbol{V} = E(\mu_1) \oplus E(\mu_2) \oplus \cdots \oplus E(\mu_s) \qquad (i \neq j \text{ のとき } E(\mu_i) \perp E(\mu_j))$$

となる．そしてこの分解にしたがって，

$$\boldsymbol{V} \ni \boldsymbol{x} = \boldsymbol{x}_1 + \boldsymbol{x}_2 + \cdots + \boldsymbol{x}_s$$

と表わすと

$$T\boldsymbol{x} = \mu_1 \boldsymbol{x}_1 + \mu_2 \boldsymbol{x}_2 + \cdots + \mu_s \boldsymbol{x}_s \tag{\#}$$

となっている．

さて，複素ベクトル空間上の［固有値問題］に対しては次の定理が決定的である．

定理　$\boldsymbol{V}$ から $\boldsymbol{V}$ への線形作用素 T が固有値問題の解となるための必要十分な条件は

$$T^*T = TT^*$$

が成り立つことである．

すなわちすべての $\boldsymbol{x}\in\boldsymbol{V}$ に対して $T^*(T(\boldsymbol{x}))=T(T^*(\boldsymbol{x}))$ が成り立つということである．この定理によって，随伴作用素が固有値問題の舞台に躍り出たのである．

［証明］　十分性：$T^*T=TT^*$ が成り立ったとする．このとき，ある λ_1, μ_1 と，$\mathbf{0}$ でない $\boldsymbol{e}_1\in\boldsymbol{V}$ によって

$$T\boldsymbol{e}_1 = \lambda_1\boldsymbol{e}_1, \quad T^*\boldsymbol{e}_1 = \mu_1\boldsymbol{e}_1 \tag{14}$$

が成り立つことを最初に示しておこう．すなわち T と T^* は共通な固有ベクトル $\boldsymbol{e}_1$ をもつのである．この証明は次のようにする．

T は固有値 λ_1 をもつから(90 頁，定理)，その固有空間 $E(\lambda_1)$ は複素ベクトル空間となっている．$\boldsymbol{x}\in E(\lambda_1)$ に対して

$$T(T^*\boldsymbol{x}) = T^*(T\boldsymbol{x}) = T^*(\lambda_1\boldsymbol{x}) = \lambda_1 T^*\boldsymbol{x}$$

が成り立つから，$T^*\boldsymbol{x}\in E(\lambda_1)$ である．すなわち T^* は $E(\lambda_1)$ を $E(\lambda_1)$ の中へ移している．T^* を $E(\lambda_1)$ 上の作用素とみると，T^* はそこで固有値 μ_1 をもつ(90 頁，定理)．この固有ベクトルを $\boldsymbol{e}_1$ とすると，$T^*\boldsymbol{e}_1=\mu_1\boldsymbol{e}_1$ であるが，一方 $\boldsymbol{e}_1\in E(\lambda_1)$ から $T\boldsymbol{e}_1=\lambda_1\boldsymbol{e}_1$ となる．これで(14)が示された．

そこでこの $\boldsymbol{e}_1$ をとって，関係式

$$(T\boldsymbol{x}, \boldsymbol{y}) = (\boldsymbol{x}, T^*\boldsymbol{y}) \tag{15}$$

の $\boldsymbol{y}$ に $\boldsymbol{e}_1$ を代入すると

$$(T\boldsymbol{x}, \boldsymbol{e}_1) = (\boldsymbol{x}, \mu_1\boldsymbol{e}_1) = \bar{\mu}_1(\boldsymbol{x}, \boldsymbol{e}_1) \tag{16}$$

となる．いま $\alpha\boldsymbol{e}_1$ $(\alpha\in\boldsymbol{C})$ の形のベクトル全体からなる 1 次元の部分空間を $\boldsymbol{C}\boldsymbol{e}_1$ と書くことにし，

$$\boldsymbol{V}_1 = (\boldsymbol{C}\boldsymbol{e}_1)^\perp$$

とおいて

$$\boldsymbol{V} = \boldsymbol{C}\boldsymbol{e}_1 \oplus \boldsymbol{V}_1$$

と直交分解してみる．このとき，$\boldsymbol{x}\in\boldsymbol{V}_1$ に対して $(\boldsymbol{x}, \boldsymbol{e}_1)=0$ だから，

(16)から$(T\boldsymbol{x},\boldsymbol{e}_1)=0$となり，$T\boldsymbol{x}\in\boldsymbol{V}_1$のことがわかる．

つぎに，(15)の$\boldsymbol{x}$に$\boldsymbol{e}_1$を代入してみると，こんどは$(\boldsymbol{e}_1, T^*\boldsymbol{y})=\lambda_1(\boldsymbol{e}_1,\boldsymbol{y})$という関係が得られるから，これから同様にして$\boldsymbol{y}\in\boldsymbol{V}_1$ならば$T^*\boldsymbol{y}\in\boldsymbol{V}_1$となることがわかる．

この状況は下のように図で示した方がわかりやすいだろう．

$$\begin{array}{ccccc} \boldsymbol{V} = & \boldsymbol{C}\boldsymbol{e}_1 & \oplus & \boldsymbol{V}_1 \\ \downarrow T & \downarrow \lambda_1\text{倍} & & \downarrow T \\ \boldsymbol{V} = & \boldsymbol{C}\boldsymbol{e}_1 & \oplus & \boldsymbol{V}_1 \end{array} \qquad \begin{array}{ccccc} \boldsymbol{V} = & \boldsymbol{C}\boldsymbol{e}_1 & \oplus & \boldsymbol{V}_1 \\ \downarrow T^* & \downarrow \mu_1\text{倍} & & \downarrow T^* \\ \boldsymbol{V} = & \boldsymbol{C}\boldsymbol{e}_1 & \oplus & \boldsymbol{V}_1 \end{array}$$

すなわち，TもT^*も$\boldsymbol{V}_1$を$\boldsymbol{V}_1$に移しているのである．TとT_1を$\boldsymbol{V}_1$上の線形作用素とみて$\boldsymbol{V}_1$上に限って考えても，もちろん(14)の関係は成り立っている．したがって，$\boldsymbol{V}_1$上でいまの議論をくり返してみると，$\boldsymbol{0}$でないベクトル$\boldsymbol{e}_2$があって

$$T\boldsymbol{e}_2 = \lambda_2\boldsymbol{e}_2, \qquad T^*\boldsymbol{e}_2 = \mu_2\boldsymbol{e}_2 \qquad (\boldsymbol{e}_2 \neq \boldsymbol{0})$$

が成り立っている．そこでふたたび

$$\boldsymbol{V}_1 = \boldsymbol{C}\boldsymbol{e}_2 \oplus \boldsymbol{V}_2 \qquad (\boldsymbol{V}_2 = (\boldsymbol{C}\boldsymbol{e}_2)^\perp)$$

と直交分解すると，$T, T^* : \boldsymbol{V}_2 \to \boldsymbol{V}_2$となっている．

この議論をつぎつぎにくり返していくと，結局$\boldsymbol{V}$は

$$\boldsymbol{V} = \boldsymbol{C}\boldsymbol{e}_1 \oplus \boldsymbol{C}\boldsymbol{e}_2 \oplus \cdots \oplus \boldsymbol{C}\boldsymbol{e}_n$$

と直交分解され

$$T\boldsymbol{e}_i = \lambda_i\boldsymbol{e}_i, \qquad T^*\boldsymbol{e}_i = \mu_i\boldsymbol{e}_i \qquad (i=1,2,\cdots,n) \qquad (17)$$

が成り立つことがわかる．

おのおのの$\boldsymbol{e}_i$の長さを1にするため，$\dfrac{1}{\|\boldsymbol{e}_i\|}\boldsymbol{e}_i$を改めて$\boldsymbol{e}_i$とおいても(17)はもちろん成り立っている．このようにおきかえた$\{\boldsymbol{e}_1, \boldsymbol{e}_2, \cdots, \boldsymbol{e}_n\}$は，$T$の(また$T^*$の)固有ベクトルからなる正規直交基底となっており，したがってTは(同時にまたT^*も)固有値問題が成り立つ線形作用素となっていることが証明された．

必要性：Tの固有ベクトル$\{\boldsymbol{e}_1, \boldsymbol{e}_2, \cdots, \boldsymbol{e}_n\}$からなる$\boldsymbol{V}$の正規直交基底が存在したとする．各固有ベクトル$\boldsymbol{e}_i$に対応する固有値を$\lambda_i$とおくと

$$T\boldsymbol{e}_i = \lambda_i\boldsymbol{e}_i \qquad (i=1,2,\cdots,n)$$

である．このときすべての$\boldsymbol{x}$に対して

$$T^*T\boldsymbol{x} = TT^*\boldsymbol{x}$$

が成り立つことを示すには，線形性により，基底の元 $\boldsymbol{e}_1, \boldsymbol{e}_2, \cdots, \boldsymbol{e}_n$ に対して

$$T^*T\boldsymbol{e}_i = TT^*\boldsymbol{e}_i \qquad (i=1,2,\cdots,n) \tag{18}$$

を示せば十分である．

まず T^* の形を知りたいので，勝手に1つの $\boldsymbol{e}_i$ をとって

$$T^*\boldsymbol{e}_i = \beta_1\boldsymbol{e}_1+\beta_2\boldsymbol{e}_2+\cdots+\beta_n\boldsymbol{e}_n$$

と表わしてみると，$\{\boldsymbol{e}_1, \boldsymbol{e}_2, \cdots, \boldsymbol{e}_n\}$ は正規直交基底だから，ここに現われた係数 β_j は

$$\beta_j = (T^*\boldsymbol{e}_i, \boldsymbol{e}_j)$$

として求められる．ここで

$$(T^*\boldsymbol{e}_i, \boldsymbol{e}_j) = \overline{(\boldsymbol{e}_j, T^*\boldsymbol{e}_i)} = \overline{(T\boldsymbol{e}_j, \boldsymbol{e}_i)} = \overline{(\lambda_j\boldsymbol{e}_j, \boldsymbol{e}_i)}$$

$$= \bar{\lambda}_j(\boldsymbol{e}_j, \boldsymbol{e}_i) = \begin{cases} \bar{\lambda}_i & j=i \\ 0 & j\neq i \end{cases}$$

したがって，$\beta_1=\cdots=\beta_{i-1}=\beta_{i+1}=\cdots=\beta_n=0$ で $\beta_i=\bar{\lambda}_i$ となり，

$$T^*\boldsymbol{e}_i = \bar{\lambda}_i\boldsymbol{e}_i$$

となることがわかった．

すなわち，$\boldsymbol{e}_i$ は T^* の固有ベクトルにもなっていて，その固有値は $\bar{\lambda}_i$ なのである！　したがって

$$T^*T\boldsymbol{e}_i = T^*(\lambda_i\boldsymbol{e}_i) = \lambda_i T^*(\boldsymbol{e}_i) = \lambda_i\bar{\lambda}_i\boldsymbol{e}_i = |\lambda_i|^2\boldsymbol{e}_i$$

$$TT^*\boldsymbol{e}_i = T(\bar{\lambda}_i\boldsymbol{e}_i) = \bar{\lambda}_i T(\boldsymbol{e}_i) = \bar{\lambda}_i\lambda_i\boldsymbol{e}_i = |\lambda_i|^2\boldsymbol{e}_i$$

2式を見くらべて(18)が成り立つことがわかる．これで $T^*T=TT^*$ が成り立つことが証明された．　（証明終り）

定義　$T^*T = TT^*$ をみたす作用素を，**正規作用素**という．

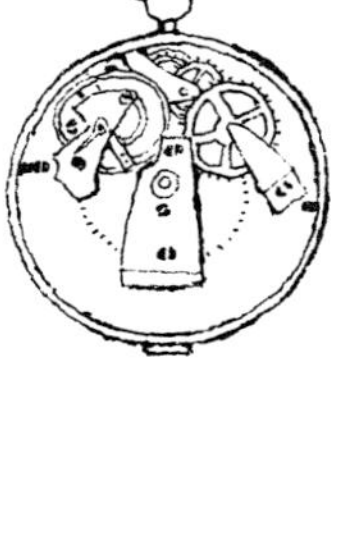

歴史の潮騒

ここで述べたことは，1920年近くになってはじめて得られた視点によっている．読者も議論の中から感じとられたに違いない直交

性を軸としての強い幾何学的色彩は，独特なものがあって，このようなものが線形性を扱う数学の中に取り入れられるようになるには，半世紀以上の数学の流れがあったのである．

複素数が“線形代数”に登場したのは，1855年にエルミートが数論の研究の過程で，次のような形の2次形式

$$\sum_{i,j=1}^{n} a_{ij}x_i\bar{x}_j, \qquad a_{ij}=\bar{a}_{ji} \tag{19}$$

を導入したのがはじめのようである．このような2次形式は，2次形式 $\sum_{i,j=1}^{n} x_i\bar{x}_j$ を変えない変数変換(ユニタリー変換)で

$$a_1X_1\bar{X}_1+a_2X_2\bar{X}_2+\cdots+a_sX_s\bar{X}_s$$
$$-a_{s+1}X_{s+1}\bar{X}_{s+1}-\cdots-a_{s+t}X_{s+t}\bar{X}_{s+t}$$

のような標準的な形にすることができる．ここで $a_1, a_2, \cdots, a_{s+t}$ は正の数である．

このような問題を取り扱うとき，(19)の係数のつくる行列

$$H=\begin{pmatrix} a_{11} & a_{12} & \cdots & a_{1n} \\ a_{21} & a_{22} & \cdots & a_{2n} \\ \cdots & \cdots & \cdots & \cdots \\ a_{n1} & a_{n2} & \cdots & a_{nn} \end{pmatrix} \qquad a_{ij}=\bar{a}_{ji}$$

の考察が問題となった．この形の行列は**エルミート行列**とよばれている．

私たちが内積の概念を通して導入した随伴作用素も，行列の方に移しかえて述べた方が，形式上はむしろ簡単なのである．行列

$$A=\begin{pmatrix} a_{11} & \cdots & a_{1n} \\ \cdots & a_{ij} & \cdots \\ a_{n1} & \cdots & a_{nn} \end{pmatrix}$$

の随伴行列は

$$A^*=\begin{pmatrix} \bar{a}_{11} & \cdots & \bar{a}_{n1} \\ \cdots & \bar{a}_{ji} & \cdots \\ \bar{a}_{1n} & \cdots & \bar{a}_{nn} \end{pmatrix} \quad (=\overline{{}^tA}：{}^tA \text{ は } A \text{ の転置行列})$$

と表わされる．実際，この行列の形を使って $(A\boldsymbol{x}, \boldsymbol{y})=(\boldsymbol{x}, A^*\boldsymbol{y})$ が成り立つことはすぐに確かめることができる．すぐ上に述べたエ

ルミート行列はこのとき $H=H^*$ で特性づけられている．

しかしこの定義からスタートして，$A^*A=AA^*$ の意味を代数的な視点だけから読みとることはむずかしいだろう．実際，行列に対するこの条件は行列論を育てた 2 次形式や不変式の理論の枠の外にあったのである．もし私たちが上で行なった正規作用素の固有空間への分解の証明を，行列の成分だけを使ってたどろうとすれば，それは深い霧の中に道を求めていくということになったろう．

内積を積極的にベクトル空間の理論に取り入れるようになったのは，1900 年から 1920 年頃までに発展した，いわば前期ヒルベルト空間論からの影響が強い．ヒルベルト空間論については明日触れることにする．ヒルベルト空間は無限次元のベクトル空間であるが，その中で無限変数の 2 次形式論を展開しようとする試みが，しだいに幾何学的な視点の必要性を感じさせるようになってきた．無限次元という広漠とした理論体系に立ち向かうにあたって，このような視点の設定はどうしても必要であったのである．たとえば，無限の方向へ進んでいくために，順次直交する枠組みを組み立てていくような考え方が要求されてきたが，このような考えの根底にあるのは，幾何学的なものであったといってよいだろう．1910 年頃から 1920 年あたりまで，この方向へ向けての強い動きがあり，ひとつひとつの作用素は固有空間への直交分解を通して，自立した幾何学的描像をもつようになってきたのである．

このような過程の中から正規作用素という概念が生まれてきた．実際，正規作用素が固有値問題に対する完全な解答を与えているということは，有限次元の場合に対しても，正規行列（109 頁参照）の概念の導入により，1918 年になってはじめてテプリッツによって証明されたのである．テプリッツは，ゲッチンゲン大学にあってシュミット，ヘリンガーなどとともに，1910 年代ヒルベルト空間の理論の創成期に貢献した数学者である．

このように，今日述べたような有限次元の複素ベクトル空間に内積を中心におくような理論構成は，無限次元のヒルベルト空間に導入された幾何学的視点を経由して確立されたものである．数学の歴史は決して単純な道をたどっていない.

先生との対話

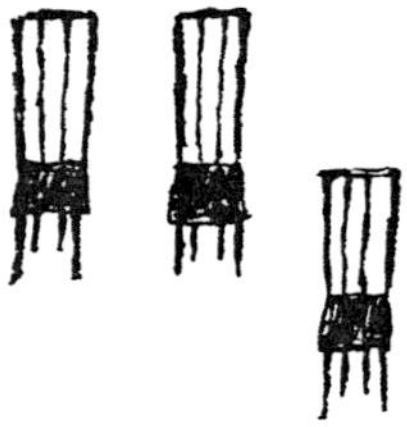

道子さんが感想を述べた.

「複素数というとすぐにガウス平面のことを思い出していましたが，今日のお話を聞いているときには，ガウス平面のことなど少しも頭に浮かんできませんでした．それでも複素ベクトル空間のことが，頭の中であるイメージを描いてきたのは驚きでした.」

先生がうなずいて，この感想にひとことコメントをつけ加えられた.

「それは内積という概念のもたらした“直交性”によるのでしょう．ある方向へ向けての角ということでは，まだどこか漠然としていますが，私たちの空間に対する直観の中では，垂直方向というのがきわ立って強い働きをしているのでしょう．それをはっきりと取り出して，固有空間の分解と結びつけたところに，20世紀になって数学が達したある高みと自信を感じます.」

山田君がノートを見返しながら質問した.

「正規作用素は $T^*T=TT^*$ という性質で特性づけられている作用素でしたから，T と T^* が一致する作用素は当然正規作用素ですね.」

「そうです．それが“歴史の潮騒”の中で行列の形で述べたエルミート作用素です．エルミートは19世紀のフランスの有名な解析学者で，Hermite と書きます．そのためエルミート作用素はふつうはこの頭文字をとって H で表わします．エルミート作用素 H は，$H=H^*$ をみたしますから正規作用素で，固有空間の直和へと直交分解されます．このとき H のもつ1つの特性は，H の固有値がすべて実数だということです．このことは H の固有値を λ とし，固有ベクトルを $\boldsymbol{e}$ とすると，$H\boldsymbol{e}=\lambda\boldsymbol{e}$ から

$$\lambda(\boldsymbol{e},\boldsymbol{e})=(H\boldsymbol{e},\boldsymbol{e})=(\boldsymbol{e},H\boldsymbol{e})=(\boldsymbol{e},\lambda\boldsymbol{e})=\bar{\lambda}(\boldsymbol{e},\boldsymbol{e})$$

となり，$\lambda=\bar{\lambda}$ となることからわかります.」

かず子さんが

「正規作用素が固有空間へと分解するという結果を，行列でいい表わすとどんな形の定理になるのですか.」

と質問した.

「はじめに $\boldsymbol{V}$ に正規直交基底を1つとっておき，この基底で $\boldsymbol{V}$ を $\boldsymbol{C}^n$ と同一視します．このとき $\boldsymbol{V}$ の内積は $\boldsymbol{C}^n$ の内積へとそのまま移っています．正規作用素 T はこのとき $\boldsymbol{C}^n$ から $\boldsymbol{C}^n$ への線形作用素となって，行列により

$$A = \begin{pmatrix} a_{11} & a_{12} & \cdots & a_{1n} \\ a_{21} & a_{22} & \cdots & a_{2n} \\ \cdots & \cdots & \cdots & \cdots \\ a_{n1} & a_{n2} & \cdots & a_{nn} \end{pmatrix}$$

と表わされますね．T が正規作用素であるという条件は $A^*A = AA^*$ となりますが，これは正規行列とよばれているものです．このとき，$\boldsymbol{V}$ の正規直交基底 $\{\boldsymbol{e}_1, \boldsymbol{e}_2, \cdots, \boldsymbol{e}_n\}$ を新たに取り直すということは，$\boldsymbol{C}^n$ の中に新しく正規直交基底をとることで，それは行列で

$$U = \begin{pmatrix} u_{11} & u_{12} & \cdots & u_{1n} \\ u_{21} & u_{22} & \cdots & u_{2n} \\ \cdots & \cdots & \cdots & \cdots \\ u_{n1} & u_{n2} & \cdots & u_{nn} \end{pmatrix}$$

と表わされます．このタテに並んだ行列の成分が，それぞれ $\boldsymbol{e}_1, \boldsymbol{e}_2, \cdots, \boldsymbol{e}_n$ の成分となっているのです．このとき $\{\boldsymbol{e}_1, \boldsymbol{e}_2, \cdots, \boldsymbol{e}_n\}$ が正規直交基底となっているという条件は

$$U^*U = UU^* = I \qquad (I\text{ は単位行列}) \tag{20}$$

と表わされます．この条件をみたす行列をユニタリー行列といいます.

ですから，もし $\{\boldsymbol{e}_1, \boldsymbol{e}_2, \cdots, \boldsymbol{e}_n\}$ が T の固有ベクトルからなっているときには，$\boldsymbol{C}^n$ の標準基底をとりかえて，この基底によって，T を行列で表わせば対角行列となるはずです．すなわち，行列の基底変換の公式を使うと

$$U^{-1}AU = \begin{pmatrix} \lambda_1 & & & \\ & \lambda_2 & & 0 \\ & & \ddots & \\ & 0 & & \lambda_n \end{pmatrix}$$

となります．対角線に並んでいる $\lambda_1, \lambda_2, \cdots, \lambda_n$ がちょうど T の固有値です．なお(20)の関係がありますから，$U^{-1}=U^*$ に注意すると，この左辺は $U^*AU=I$ と書いても同じことになります．

かず子さんの質問に対する答としては，結局“正規行列 A が与えられたとき，適当にユニタリー行列 U をとると $U^*AU=I$ となる”ということになります．

問　題

［1］ T が正規作用素のとき，102 頁の(#)は，$E(\mu_1), E(\mu_2), \cdots, E(\mu_s)$ の射影作用素を $P_1, P_2, \cdots, P_s$ とすると，線形作用素の形としては

$$T = \mu_1 P_1 + \mu_2 P_2 + \cdots + \mu_s P_s$$

と表わされることを示しなさい．

［2］ T が正規作用素のとき，T が同相写像となる必要十分条件は，T の固有値の中に 0 が含まれていないことであることを示しなさい．

［3］ 線形作用素 S, T に対して，和と積を $(S+T)(\boldsymbol{x})=S(\boldsymbol{x})+T(\boldsymbol{x})$，$ST(\boldsymbol{x})=S\circ T(\boldsymbol{x})$ で定義すると

$$(\alpha S+\beta T)^* = \bar{\alpha}S^*+\bar{\beta}T^*$$

$$(ST)^* = T^*S^*$$

$$(S^*)^* = S$$

が成り立つことを示しなさい．

お茶の時間

質問 『線形代数』と名づけられた教科書や本が，本屋さんの棚にたくさん並んでいます．これらの本で取り上げられているのはおもに行列が主題となっており，そこに行列式の話が挿入され，いわ

ば終楽章に相当するようなところにはじめてベクトル空間や線形写像のことが載せられているものが多いようです．これは歴史の順序を踏まえているからでしょうか．

答　もう一時代前には，行列式のことをまず詳しく論じ，それから行列のことを述べるという書き方がふつうだった．たまたま手許にあった1934年に出版された藤原松三郎『行列及び行列式』(岩波全書)を見てみると，第1章 行列式，第2章 行列，第3章 無限行列，となっている．この本は当時としては，もっとも斬新なテキストであったと思われる．

行列式，行列，ベクトル空間と線形写像という3つのテーマをどのように『線形代数』の中に配列するかは，なかなかむずかしいことであって，歴史的なことを配慮するような暇はないというのが本音だろう．

数学のテキストの素材としては，大きくわけて，アルゴリズム的なものと，概念的なものとの2つがある．一般的には，概念的なものを教えることの方がむずかしい．行列式は連立方程式の解法が示すように，アルゴリズム的な面に立っており，一方，ベクトル空間と線形写像は概念的なものに支えられている．行列もその基盤は概念にあるが，行列の積を求めたり，逆行列を求めたりする中にアルゴリズム的なものも多く含んでいる．現代の『線形代数』の主流が行列中心となっているのは，行列の理論の中からアルゴリズム的な面と概念的な面が分岐し，絡み合っていくさまを追うことによって，行列式と線形写像を含めた線形代数の基調を明らかにすることができるという考えに立っているからだろうと私は思っている．

金曜日

ヒルベルト空間

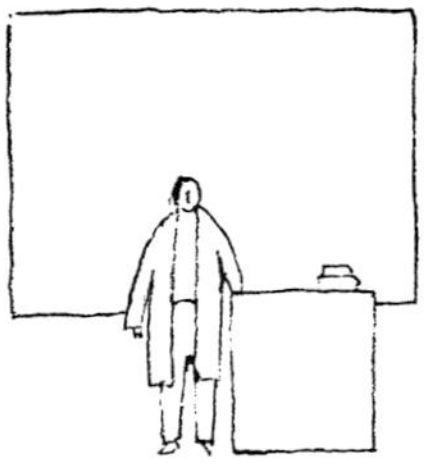

先生の話

ベクトル空間と線形写像の理論の背景には，その抽象性によって，有限次元から無限次元へと一気に走り抜けていくような簡潔な力強さがあります．実際，今週ずっと進めてきた叙述の仕方は，そのような広い背景を意識したものでした．

第3週で述べた区間 $[a,b]$ で定義された連続関数のつくる空間 $C^0[a,b]$ は無限次元のベクトル空間となっていますが，単にここに足し算ができ，スカラー倍が考えられるというだけでは，この空間はなお広漠として捉えどころのないものです．ここに一様収束による近さの概念を導入しますと，こんどは近づくという感じがそれぞれの連続関数の近くでは捉えられるような，総合体としての $C^0[a,b]$ のイメージが湧いてきます．しかしそれでもベクトル空間としての $C^0[a,b]$ の内部構造にまで立ち入って調べる道はなお見出しにくいようです．

しかし，内積が導入されてくれば状況は変わってくるでしょう．そこにはきっと直交する枠組みによって $C^0[a,b]$ が組み立てられていくありさまが見えてくるに違いありません．$C^0[a,b]$ に導入される内積としては，第3週で $C^0[-\pi,\pi]$ の場合にみたように，$f,g\in C^0[a,b]$ に対して

$$\int_a^b f(x)g(x)dx$$

とおくのが自然です．この内積に関して直交するという概念がどれほど重要なものかは，フーリエ級数の理論で私たちは学んできたのでした．

もっとも有限次元のベクトル空間のとき，実ベクトル空間から複素ベクトル空間へと移行しましたが，それに対応することは，考察する連続関数の範囲を広げて，実数値だけではなくて複素数値をとる連続関数までも考えることになります．このときは上の内積は

$$\int_a^b f(x)\overline{g(x)}dx$$

におきかわってくるでしょう．

実際はまだいろいろ考えなければならないことがあります．内積は単に直交性だけではなく，内積はまたノルム——第3週ではL^2-ノルムといいましたが——も与えました．このノルムが決める近さの概念が重要なものとなってきます．もっとも第3週でみたように，$C^0[-\pi,\pi]$の中では一様収束と平均2乗収束とは，違った“近さ”の基準を与えていました．どのような“近さ”の基準にしたがって$C^0[-\pi,\pi]$の性質を調べるのがよいのかということが，第3週のフーリエ級数でいえば，フーリエ級数を調べる方向を決めるということになっていました．

さらに，コーシー列は必ず収束するという保証——完備性——も理論を構成する上で欠かせません．フーリエ級数論の中では，この完備性をみたすために，$C^0[-\pi,\pi]$をルベーグ積分の意味で2乗可積分な関数$L^2[-\pi,\pi]$まで完備化して広げたのでした．

実際，この$L^2[-\pi,\pi]$という空間はこれから話そうとするヒルベルト空間の原型になっています．有限次元の場合の正規直交基底に対応するものとして，ここでは

$$\frac{1}{\sqrt{2\pi}},\ \frac{1}{\sqrt{\pi}}\cos x,\ \frac{1}{\sqrt{\pi}}\sin x,\ \frac{1}{\sqrt{\pi}}\cos 2x,\ \frac{1}{\sqrt{\pi}}\sin 2x,\ \cdots$$

があります．第3週の金曜日，土曜日に述べたことを，複素数値をとる関数にまで広げ，それを抽象的な枠の中でまとめて理論体系をつくっていくと，そこにはヒルベルト空間論とよばれるものの第1章が自然に生まれてくることになります．今日はその話からはじめましょう．

内積空間とシュワルツの不等式

昨日与えた定義をくり返すようであるがもう一度内積空間の定義を書こう．ただし，これからは内積空間やヒルベルト空間の元はボ

ールド体(太い英字)ではなく，ふつうのイタリック体で表わすことにする.

定義　複素ベクトル空間 $\boldsymbol{V}$ に，次の性質をみたす複素数の値をとる内積 (a,b) が与えられたとき，$\boldsymbol{V}$ を**内積空間**という.

(i) $\alpha,\beta\in\boldsymbol{C}$ に対し

$$(\alpha a_1+\beta a_2,b)=\alpha(a_1,b)+\beta(a_2,b)$$

(ii) $(a,b)=(\overline{b,a})$

(iii) $(a,a)\geqq 0$；ここで等号が成り立つのは $a=0$ のときに限る.

内積空間の元 a に対し

$$\|a\|=\sqrt{(a,a)}$$

とおき，$\|a\|$ を a のノルムという．ノルムはスカラー倍に対しては，$\|\alpha a\|=|\alpha|\|a\|$ $(\alpha\in\boldsymbol{C})$ をみたしている.

次のシュワルツの不等式が成り立つ.

$$|(a,b)|\leqq\|a\|\|b\| \tag{1}$$

$a=0$ のときは，$(a,b)=0$，$\|a\|=0$ で等号が成り立つ場合となっている．以下では，$a\neq 0$ のときを証明しよう．実数のパラメータ t を導入して $at+b\in\boldsymbol{V}$ のノルムの2乗を考える.

$$\begin{aligned}0\leqq\|at+b\|^2&=(at+b,at+b)\\&=t^2(a,a)+t(a,b)+t(b,a)+(b,b)\end{aligned}$$

ここで $(a,b)+(b,a)=(a,b)+(\overline{a,b})=2\mathcal{R}(a,b)$ ($\mathcal{R}(a,b)$ は複素数 (a,b) の実数部分)に注意すると

$$0\leqq t^2\|a\|^2+2t\mathcal{R}(a,b)+\|b\|^2$$

が得られた．これがどんな実数 t に対しても成り立つのだから，この右辺の2次式の判別式は $\leqq 0$，すなわち

$$|\mathcal{R}(a,b)|\leqq\|a\|\|b\| \tag{2}$$

が得られる.

ここで次の注意をしておこう．一般に複素数 z に対し z の偏角を $\tilde{\theta}$ とすると，z を $-\tilde{\theta}$ だけ回転した $e^{-i\tilde{\theta}}z$ は実数で $|e^{-i\tilde{\theta}}z|=|z|$ で

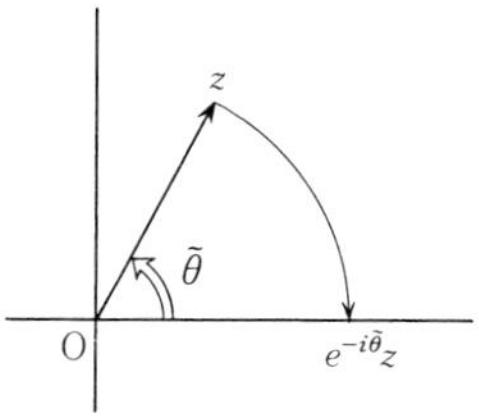

ある(図参照).

したがって複素数(a,b)の偏角をθとし，a,bのかわりに$e^{-i\theta}a$, bに(2)を適用してみると，$(e^{-i\theta}a,b)=e^{-i\theta}(a,b)$が実数だから

$$|e^{-i\theta}(a,b)| \leqq \|e^{-i\theta}a\|\|b\|$$

となり，この左辺は$|e^{-i\theta}(a,b)|=|e^{-i\theta}||(a,b)|=|(a,b)|$，右辺は$\|e^{-i\theta}a\|=|e^{-i\theta}|\|a\|=\|a\|$から$\|a\|\|b\|$に等しい．これでシュワルツの不等式が証明された．

このシュワルツの不等式(1)から，ノルムに関する三角不等式

$$\|a+b\| \leqq \|a\|+\|b\| \tag{3}$$

が得られる．これは(2)からつぎのように導かれる．

$$\|a+b\|^2 = (a+b,a+b) = \|a\|^2+2\mathcal{R}(a,b)+\|b\|^2$$
$$\leqq \|a\|^2+2\|a\|\|b\|+\|b\|^2 = (\|a\|+\|b\|)^2$$

したがって両辺のルートをとって(3)が成り立つ．

私たちはこれから$\boldsymbol{V}$の元を点ということもある．これからは$\boldsymbol{V}$の中で点列の収束を考えていくことが重要なことになってくる．点列$\{x_n\}$ $(n=1,2,\cdots)$がxに**収束する**，または**近づく**というのは

$$\|x_n-x\| \longrightarrow 0 \quad (n\to\infty)$$

が成り立つことであると定義する．このときふつうのように$x_n\to x$ $(n\to\infty)$，または$\lim_{n\to\infty}x_n=x$と書く．$x_n\to x$ $(n\to\infty)$のとき，三角不等式によって

$$\|x_m-x_n\| \leqq \|x_m-x\|+\|x-x_n\| \longrightarrow 0 \quad (m,n\to\infty)$$

が成り立つから，$\{x_n\}$は**コーシー列**をつくっている．

なお，$x_n\to x$ $(n\to\infty)$のとき，シュワルツの不等式から，どんなyに対しても

$$(x_n,y) \longrightarrow (x,y) \quad (n\to\infty)$$

が成り立つことを注意しておこう．実際，$n\to\infty$のとき

$$|(x_n,y)-(x,y)| = |(x_n-x,y)| \leqq \|x_n-x\|\|y\| \longrightarrow 0$$

となる．同じような考えで$x_n\to x$，$y_n\to y$ $(n\to\infty)$のとき$(x_n,y_n)\to(x,y)$が成り立つことも示すことができる．

なお，いままで通り$(a,b)=0$のとき，aとbは**直交している**と

いうことにするが，この概念はこれから述べるヒルベルト空間の理論の骨組みをつくっていくものとなる．

ヒルベルト空間

まず定義を与えよう．

定義　内積空間 $\mathscr{H}$ が次の2つの性質(A), (B)をみたすとき，$\mathscr{H}$ を**ヒルベルト空間**という．

(A)　完備性：$\mathscr{H}$ のコーシー列 $\{x_n\}$ $(n=1,2,\cdots)$ は必ずある点 x に収束する．すなわち点列 $\{x_n\}$ が

$$\|x_m - x_n\| \longrightarrow 0 \quad (m, n \to \infty)$$

をみたしていれば，必ずある $x \in \mathscr{H}$ が存在して，$x_n \to x$ $(n \to \infty)$ となる．

(B)　$\mathscr{H}$ は有限次元のベクトル空間か，そうでないときは次の性質が成り立つ：

1次独立な無限個の元からなる系列 $\{f_1, f_2, \cdots, f_n, \cdots\}$ が存在し，任意の $x \in \boldsymbol{V}$ は，この系列からとってつくった適当な1次結合

$$\alpha_{i_1} f_{i_1} + \alpha_{i_2} f_{i_2} + \cdots + \alpha_{i_s} f_{i_s}$$

で近似することができる．

(B)で“1次独立な元からなる”と書いたのは，$\{f_1, f_2, \cdots, f_n, \cdots\}$ の中から勝手に有限個 $f_{i_1}, f_{i_2}, \cdots, f_{i_s}$ をとったとき，これらの元が1次独立となっているということである．

この定義についていくつかのコメントを与えよう．まずヒルベルト空間の“ヒルベルト”は，19世紀から20世紀へかけての数学の転回点において，数学のさまざまな分野において，時代を画するような独創的な研究を行ない，指導的な地位にあったドイツの大数学者の名前である．これについては“歴史の潮騒”で触れることにしよう．

定義の(A)でいっていることは簡明であるが，いままで話してき

た有限次元のベクトル空間の場合には，この条件はつねにみたされていることを注意しておこう．それをみるため k 次元ベクトル空間 $\boldsymbol{V}$ の正規直交基底を $\{e_1, e_2, \cdots, e_k\}$ とし，$\boldsymbol{V}$ の中からとったコーシー列 $\{x_n\}$ $(n=1, 2, \cdots)$ を

$$x_n = \alpha_n e_1 + \beta_n e_2 + \cdots + \gamma_n e_k \qquad (n=1, 2, \cdots)$$

と表わしてみよう．そうすると

$$\|x_m - x_n\|^2 = |\alpha_m - \alpha_n|^2 + |\beta_m - \beta_n|^2 + \cdots + |\gamma_m - \gamma_n|^2$$

となるから，$\|x_m - x_n\|^2 \to 0$ $(m, n \to \infty)$ の条件は，$e_1, e_2, \cdots, e_k$ の係数のつくる k 個の複素数列 $\{\alpha_n\}, \{\beta_n\}, \cdots, \{\gamma_n\}$ がコーシー列をつくっているという条件になる．複素数は完備だから，$\alpha_n \to \alpha$，$\beta_n \to \beta$，$\cdots$，$\gamma_n \to \gamma$ $(n \to \infty)$ となる $\alpha, \beta, \cdots, \gamma$ が存在する．このとき

$$x = \alpha e_1 + \beta e_2 + \cdots + \gamma e_k$$

とおくと，明らかに $x_n \to x$ $(n \to \infty)$ となって，(A)が成り立つ．

定義の(B)は，端的にいえば，$\mathcal{H}$ は有限次元でなければ無限次元(正確には可算無限次元)であるといっているのである．幾何学的な表象としては，座標空間としては無限の独立な方向に走る $\{f_1, f_2, \cdots, f_n, \cdots\}$ をすべて含むものをとらなくてはならないといっている．有限次元のときは，基底 $\{e_1, e_2, \cdots, e_n\}$ をとると，任意の元 x はただ1通りに，$x = a_1e_1 + a_2e_2 + \cdots + a_ne_n$ と代数的に表記されたが，無限次元になってくると，代数的な立場だけで理論を進めることが適当でなくなって，級数のときのように，"収束"の概念がそこに入ってくるのである．そのとき理論体系を完全なものとするために，(A)の完備性をおくことが，どうしても必要となってくる．

私たちはこれから，とくに断らない限り，**無限次元の**——有限次元でない——**ヒルベルト空間を取り扱っていく**ことにする．

完全正規直交系

無限次元のヒルベルト空間だけを取り扱うことにしたから，定義の(B)を見ると，$\mathcal{H}$ の中に1次独立な無限個の元 $\{f_1, f_2, \cdots, f_n, \cdots\}$ が存在している．f_1 から出発して，順次，ヒルベルト-シュミット

の直交法を適用していくと，新しい無限個の元からなる系列

$$\{e_1, e_2, \cdots, e_n, \cdots\}$$

が得られる．これらの元の間には，もちろん直交性

（ i ）$(e_i, e_j) = 0 \qquad (i \neq j)$

が成り立ち，また

（ ii ）$\|e_n\| = 1 \qquad (n=1, 2, \cdots)$

も成り立っている．

またヒルベルト-シュミットの構成法から，途中の $\{f_1, f_2, \cdots, f_n\}$ までの段階でみると，各 $e_i\,(i=1,2,\cdots,n)$ は $f_1, f_2, \cdots, f_i$ の1次結合で表わされ，逆に各 $f_i\,(i=1,2,\cdots,n)$ は，$e_1, e_2, \cdots, e_i$ の1次結合で表わされていることがわかる．このことと(B)から次の**完全性**とよばれる性質を導くことができる．

（iii） すべての e_n と直交する x は0しかない，すなわち

$$(x, e_n) = 0\,(n=1, 2, \cdots) \quad \text{ならば} \quad x = 0$$

が成り立つ．

(iii)を証明しよう．いまある元 x に対し

$$(x, e_n) = 0 \qquad (n=1, 2, \cdots) \tag{4}$$

が成り立ったとする．(B)から，どんな正数 ε をとっても，$\{f_1, f_2, \cdots, f_n, \cdots\}$ からとってつくった適当な1次結合によって

$$\left\|x - \sum_{k=1}^{s} \alpha_{i_k} f_{i_k}\right\| < \varepsilon$$

となる．すぐ上に述べた注意から，各 f_{i_k} を $e_1, \cdots, e_{i_k}$ の1次結合でおきかえることができる．そうすると x は $\{e_1, e_2, \cdots, e_n, \cdots\}$ からとってつくった適当な1次結合によって

$$\left\|x - \sum_{l=1}^{t} \beta_{j_l} e_{j_l}\right\| < \varepsilon$$

と近似していることがわかる．したがって

$$|(x, x)| = \left|\left(x - \sum_{l=1}^{t} \beta_{j_l} e_{j_l}, x\right)\right| \qquad ((4)\text{による})$$

$$\leqq \left\|x - \sum_{l=1}^{t} \beta_{j_l} e_{j_l}\right\| \|x\| \leqq \varepsilon \|x\|$$

正数 ε はいくらでも小さくとれ，$\|x\|$ は定数だから，これから $(x, x)=0$，すなわち $x=0$ を結論することができる．

いま述べたことは，$\{f_1, f_2, \cdots, f_n, \cdots\}$ から出発して，ヒルベルト-シュミットの直交法を適用して得られた $\{e_1, e_2, \cdots, e_n \cdots\}$ に対しては，単に(i)，(ii)だけではなく，完全性(iii)も成り立つということである．そこで，私たちは一般に次の定義をおくことにする．

定義　$\mathscr{H}$ の元の系列 $\{e_1, e_2, \cdots, e_n, \cdots\}$ が(i)，(ii)，(iii)をみたすとき，この系列を**完全正規直交系**という．

いま示したことにより，$\mathscr{H}$ には必ず正規直交系が存在するのであるが，完全正規直交系は，次のようなきわ立って特徴ある性質をもっている．

定理　$\{e_1, e_2, \cdots, e_n, \cdots\}$ を完全正規直交系とする．

(i)　$\mathscr{H}$ の元はただ1通りに

$$x = \sum_{n=1}^{\infty} (x, e_n) e_n$$

と表わされる．

(ii)　$\|x\|^2 = \sum_{n=1}^{\infty} |(x, e_n)|^2$　(5)

この定理の証明のため，すでに第3週金曜日にベッセルの不等式として述べたものを，ヒルベルト空間の抽象的な設定の中で再記しておくことにする．

$$\sum_{n=1}^{N} |(x, e_n)|^2 \leqq \|x\|^2 \qquad \text{（ベッセルの不等式）}$$

このベッセルの不等式をまず証明しておこう．

$$\left\|x - \sum_{n=1}^{N} (x, e_n) e_n\right\|^2 = \left(x - \sum_{n=1}^{N} (x, e_n) e_n,\ x - \sum_{n=1}^{N} (x, e_n) e_n\right)$$

$$= (x, x) - \left(\sum_{n=1}^{N} (x, e_n) e_n, x\right) - \left(x, \sum_{n=1}^{N} (x, e_n) e_n\right)$$

$$+ \left(\sum_{n=1}^{N} (x, e_n) e_n,\ \sum_{n=1}^{N} (x, e_n) e_n\right)$$

$$= (x, x) - \sum_{n=1}^{N} (x, e_n)\overline{(x, e_n)} - \sum_{n=1}^{N} \overline{(x, e_n)}(x, e_n)$$

$$+ \sum_{m,n=1}^{N} (x, e_m)\overline{(x, e_n)}(e_m, e_n)$$

$$= \|x\|^2 - 2\sum_{n=1}^{N} |(x, e_n)|^2 + \sum_{n=1}^{N} |(x, e_n)|^2$$

$$= \|x\|^2 - \sum_{n=1}^{N} |(x, e_n)|^2 \tag{6}$$

これから $\|x\|^2 - \sum_{n=1}^{N} |(x, e_n)|^2 \geqq 0$ となって，ベッセルの不等式が示された．

このベッセルの不等式を用いて，(i),(ii)の証明に入ろう．

［(i)の証明］ $\sigma_N = \sum_{n=1}^{N} (x, e_n)e_n$ とおく．このとき，$N < N'$ に対して

$$\|\sigma_{N'} - \sigma_N\|^2 = \left\| \sum_{n=N+1}^{N'} (x, e_n)e_n \right\|^2 = \left(\sum_{n=N+1}^{N'} (x, e_n)e_n,\ \sum_{n=N+1}^{N'} (x, e_n)e_n \right)$$

$$= \sum_{n=N+1}^{N'} |(x, e_n)|^2 \qquad \text{（正規直交性による）} \tag{7}$$

ベッセルの不等式から，正項級数 $\sum_{n=1}^{\infty} |(x, e_n)|^2$ は上に有界で，したがって収束するから，$N \to \infty$ のとき

$$\sum_{n=N+1}^{N'} |(x, e_n)|^2 \longrightarrow 0$$

すなわち，$N < N'$ で $N \to \infty$ のとき

$$\|\sigma_{N'} - \sigma_N\| \longrightarrow 0$$

となる．このことは系列 $\{\sigma_N\}$ $(N = 1, 2, \cdots)$ が $\mathcal{H}$ の中でコーシー列をつくっていることを示している．したがって $\mathcal{H}$ の完備性から，ある元 $\tilde{x}$ が存在して $\sigma_N \to \tilde{x}$ $(N \to \infty)$ となる．この $\tilde{x}$ は

$$\tilde{x} = \sum_{n=1}^{\infty} (x, e_n)e_n \tag{8}$$

と表わされている．

そこで

$$\tilde{\tilde{x}} = \tilde{x} - x$$

とおくと，勝手にとった自然数 k に対して

$$
\begin{aligned}
(\tilde{\tilde{x}}, e_k) &= (\tilde{x}, e_k) - (x, e_k) \\
&= \left(\sum_{n=1}^{\infty}(x, e_n)e_n, e_k\right) - (x, e_k) \\
&= \sum_{n=1}^{\infty}(x, e_n)(e_n, e_k) - (x, e_k) \\
&= (x, e_k) - (x, e_k) \qquad \text{（正規直交性による）} \\
&= 0
\end{aligned}
$$

したがって完全正規直交系の性質(iii)を参照すると，$\tilde{\tilde{x}}=0$ となることがわかる．したがって(8)から

$$x = \sum_{n=1}^{\infty}(x, e_n)e_n$$

となることがわかった．

［(ii)の証明］(i)から

$$\lim_{N\to\infty}\left\|x - \sum_{n=1}^{N}(x, e_n)e_n\right\|^2 = 0$$

であることがわかった．したがってベッセルの不等式の証明を参照してみると，(6)から

$$\|x\|^2 = \lim_{N\to\infty}\sum_{n=1}^{N}|(x, e_n)|^2 = \sum_{n=1}^{\infty}|(x, e_n)|^2$$

が成り立つことがわかった．　（証明終り）

♣ なお，この定理の(ii)は，第3週金曜日で，パーセバルの等式といったものの一般的な定式化となっており，やはりパーセバルの等式といってよく引用される．

l^2-空間

n 次元の実ベクトル空間 $\boldsymbol{V}$ の中では，n 次元ユークリッド空間 $\boldsymbol{R}^n$ がもっとも標準的な姿を表わしており，$\boldsymbol{V}$ の基底 $\{\boldsymbol{e}_1, \boldsymbol{e}_2, \cdots, \boldsymbol{e}_n\}$ を1つとると，それによって $\boldsymbol{R}^n$ への同型写像

$$\boldsymbol{x} = \sum_{i=1}^{n} \alpha_i \boldsymbol{e}_i \ (\in \boldsymbol{V}) \longrightarrow (\alpha_1, \alpha_2, \cdots, \alpha_n) \ (\in \boldsymbol{R}^n)$$

が得られたのである．もし，$\{\boldsymbol{e}_1, \boldsymbol{e}_2, \cdots, \boldsymbol{e}_n\}$ を正規直交基底にとっておくと，この同型写像は内積を保つものになっていた．同じような意味で，n 次元複素ベクトル空間の中では，n 次元複素ユークリッド空間 $\boldsymbol{C}^n$ がもっとも標準的なものである．

ヒルベルト空間 $\mathscr{H}$ に対しても，標準的な空間が存在する．それは l^2-空間である．少し先まわりすることになるが，まず定義を書いておこう．

定義　複素数の数列 $\alpha = \{\alpha_1, \alpha_2, \cdots, \alpha_n, \cdots\}$ で

$$\sum_{n=1}^{\infty} |\alpha_n|^2 < +\infty$$

をみたす $\alpha = \{\alpha_1, \alpha_2, \cdots, \alpha_n, \cdots\}$，$\beta = \{\beta_1, \beta_2, \cdots, \beta_n, \cdots\}$ に対し

加法：$\alpha + \beta = \{\alpha_1 + \beta_1, \alpha_2 + \beta_2, \cdots, \alpha_n + \beta_n, \cdots\}$

スカラー倍：$\lambda\alpha = \{\lambda\alpha_1, \lambda\alpha_2, \cdots, \lambda\alpha_n, \cdots\}$

内積：$(\alpha, \beta) = \sum_{n=1}^{\infty} \alpha_n \bar{\beta}_n$

として定義して得られるヒルベルト空間を，**l^2-空間**という．

この定義が“少し先まわり”と書いたのは，確かめることがいろいろあるからである．まず $\alpha + \beta$ の定義で実際

$$\sum_{n=1}^{\infty} |\alpha_n + \beta_n|^2 < +\infty$$

が成り立っているのだろうか．このことはしかし三角不等式

$$\sqrt{\sum_{n=1}^{N} |\alpha_n + \beta_n|^2} \leqq \sqrt{\sum_{n=1}^{N} |\alpha_n|^2} + \sqrt{\sum_{n=1}^{N} |\beta_n|^2}$$

で $N \to \infty$ とすると，$\sum_{n=1}^{\infty} |\alpha_n|^2 < +\infty$，$\sum_{n=1}^{\infty} |\beta_n|^2 < +\infty$ から，すぐに確かめられる．

次に内積の定義で $\sum_{n=1}^{\infty} \alpha_n \bar{\beta}_n$ が収束しているかということも，シュワルツの不等式を，十分先の項をとった部分和

$$\left| \sum_{n=N}^{N'} \alpha_n \bar{\beta}_n \right|^2 \leqq \sum_{n=N}^{N'} |\alpha_n|^2 \sum_{n=N}^{N'} |\beta_n|^2$$

に使って，$N, N' \to \infty$ とすると，右辺が 0 に近づくことからわかる．

しかしヒルベルト空間になるというには，さらに 118 頁の定義の(A)完備性，(B)系列 $\{f_1, f_2, \cdots, f_n, \cdots\}$ の存在を示しておかなくてはならない．

完備性を示すことは本質的なことであるが，少し証明に技巧がいるところがあり，ここでは省略しよう．これについては志賀『固有値問題 30 講』(朝倉書店)を参照していただきたい．

(B)の系列 $\{f_1, f_2, \cdots, f_n, \cdots\}$ としては，$f_1=(1,0,0,\cdots)$，$f_2=(0,1,0,\cdots)$，$\cdots$，$f_n=(0,0,\cdots,0,1,0,\cdots)$ をとるとよい．

この l^2-空間は，ヒルベルト空間のもっとも標準的な“モデル”となっている．すなわち次のヒルベルト空間における基本定理が成り立つ．

定理　ヒルベルト空間 $\mathscr{H}$ の完全正規直交系 $\{e_1, e_2, \cdots, e_n, \cdots\}$ をとり，$x \in \mathscr{H}$ を $x=\sum_{n=1}^{\infty} \alpha_n e_n$ と表わすとする．このとき x に対し

$$\alpha = \{\alpha_1, \alpha_2, \cdots, \alpha_n, \cdots\}$$

を対応させる写像 $\boldsymbol{\Phi}$ は，$\mathscr{H}$ から l^2-空間へのヒルベルト空間としての同型写像を与えている．

ここでヒルベルト空間としての同型写像 $\boldsymbol{\Phi}$ とは，ベクトル空間として同型写像であって，さらに

$$(x, y) = (\boldsymbol{\Phi}(x), \boldsymbol{\Phi}(y))$$

が成り立つことである．

［証明］ まず $x=\sum_{n=1}^{\infty} \alpha_n e_n$ とおくと，$\alpha_n=(x, e_n)$ だから，$\boldsymbol{\Phi}$ の定義から

$$\boldsymbol{\Phi}(x) = \{(x, e_1), (x, e_2), \cdots, (x, e_n), \cdots\} \tag{9}$$

であることを注意しておこう．

写像 $\boldsymbol{\Phi}$ が，$\mathscr{H}$ を実際 l^2-空間の中に移していることを最初に確かめておかなくてはならないが，それは(5)と(9)からわかる．

$\boldsymbol{\Phi}$ が 1 対 1 であること：$\boldsymbol{\Phi}(x)=\boldsymbol{\Phi}(y)$ とする．これは(9)をみると，$(x, e_n)=(y, e_n)$ $(n=1,2,\cdots)$ が成り立つことである．したがって

$$(x-y, e_n) = 0 \qquad (n=1,2,\cdots)$$

となるが，$\{e_1, e_2, \cdots, e_n, \cdots\}$ の完全性によりこれから $x-y=0$，すなわち $x=y$ となることがわかる．したがって $\boldsymbol{\Phi}$ は1対1である．

$\boldsymbol{\Phi}$ が $\mathcal{H}$ から l^2-空間の上への写像となっていること：いま l^2-空間の元 $\alpha=\{\alpha_1, \alpha_2, \cdots, \alpha_n, \cdots\}$ を1つとる．$\sum_{n=1}^{\infty}|\alpha_n|^2<+\infty$ である．このとき

$$\sigma_N = \sum_{n=1}^{N} \alpha_n e_n$$

とおくと，$N<N'$ のとき，(6)を導いたのと同様の計算で

$$\|\sigma_{N'}-\sigma_N\|^2 = \sum_{n=N+1}^{N'} |\alpha_n|^2$$

となる．$N, N'\to\infty$ のとき，$\sum_{n=N+1}^{N'}|\alpha_n|^2\to 0$ だから，したがって $\{\sigma_N\}$ $(N=1,2,\cdots)$ はコーシー列となる．$\mathcal{H}$ は完備だから，ある $x\in\mathcal{H}$ が存在して $\sigma_N\to x$ $(N\to\infty)$ となる．明らかに

$$x = \sum_{n=1}^{\infty} \alpha_n e_n$$

であり，この x に対しては $\boldsymbol{\Phi}(x)=\alpha$ となっている．このことは，$\boldsymbol{\Phi}$ が $\mathcal{H}$ から l^2-空間の上への写像を与えていることを示している．

$\boldsymbol{\Phi}$ が内積を保つこと：これは，$\mathcal{H}$ の元 x, y をたとえば

$$x = \sum_{m=1}^{\infty} \alpha_m e_m, \qquad y = \sum_{n=1}^{\infty} \beta_n e_n$$

と表わすと，$\boldsymbol{\Phi}(x)=\{\alpha_n\}$，$\boldsymbol{\Phi}(y)=\{\beta_n\}$ $(n=1,2,\cdots)$ であって

$$\begin{aligned}
(x, y) &= \left(\sum_{m=1}^{\infty}\alpha_m e_m, \sum_{n=1}^{\infty}\beta_n e_n\right) \\
&= \sum_{m=1}^{\infty}\sum_{n=1}^{\infty}\alpha_m\bar{\beta}_n(e_m, e_n) \\
&= \sum_{n=1}^{\infty}\alpha_n\bar{\beta}_n \qquad \text{（正規直交性による）} \\
&= (\boldsymbol{\Phi}(x), \boldsymbol{\Phi}(y))
\end{aligned}$$

これで定理が証明された．　（証明終り）

$L^2[a,b]$

区間 $[a,b]$ 上で定義された複素数の値をとる連続関数全体のつくる空間 $C^0[a,b]$ に，内積

$$(f,g)=\int_a^b f(x)\overline{g(x)}dx$$

を導入し，この内積から導かれる距離

$$\|f-g\|=\left(\int_a^b |f(x)-g(x)|^2\right)^{\frac{1}{2}}$$

で $C^0[a,b]$ を完備化して得られる空間を $L^2[a,b]$ で表わす．第3週土曜日では，$C^0[-\pi,\pi]$ を完備化して $L^2[-\pi,\pi]$ へいたる道を $L^1[-\pi,\pi]$ を経由しながら話したが，この考えの道筋をたどると，$L^2[a,b]$ は，$[a,b]$ 上で定義されたルベーグ積分可能な関数 $f(x)$ で

$$\int_a^b |f(x)|^2dx<+\infty$$

をみたすもの全体のつくる空間であると考えることができる．

この $L^2[a,b]$ に対して，内積を(ルベーグ積分の意味で)

$$(f,g)=\int_a^b f(x)\overline{g(x)}dx$$

とおくと，$L^2[a,b]$ はヒルベルト空間になることが知られている．第3週，土曜日に $L^2[-\pi,\pi]$ について述べたことを思い出してみると，$L^2[a,b]$ がヒルベルト空間になるということの，大体の感じは捉えていただくことができるだろう．

ここでは $L^2[a,b]$ について，これ以上詳しいことはあまり述べないことにしよう．私はむしろヒルベルト空間 $L^2[a,b]$ と l^2-空間との間に起きた不思議な数学的現象について注意を喚起しておきたいのである．それは上に述べた定理によって，同型写像

$$\Phi : L^2[a,b]\xrightarrow{\cong} l^2\text{-空間} \qquad (10)$$

が存在するということである．$L^2[a, b]$ に対して私たちのもつ描像は，いわば連続的な世界像である．たとえば $L^2[-\pi, \pi]$ はフーリエ級数の示すさまざまな波がゆれ動く世界を完備化して得られたものである．一方，l^2-空間の方は，級数のつくる空間であって，それは代数的なものの極限として，ある“離散的”な世界像をつくっている．

ところが，このまったく対極的な2つの世界像の奥には，ヒルベルト空間という論理の枠組みがひそんでいて，そこに立って見るならば，この2つの世界像は同じものの異なる表現とみることができるというのである．同型写像(10)の存在はそのことを示している．

有限次元のベクトル空間に対しても，いろいろな表現の仕方はあったが，それは基本的には代数的な世界へ向けての表現であった．だからヒルベルト空間で生じたこのまったく異なる世界像——連続像と離散像——の可能性を支えたのは，背景にあった無限次元の概念であり，また完備化というような一切を包みこんでしまうような，数学論理の枠の中でのある種の平坦化である．もしヒルベルト空間の内在的な構造が非常に複雑なものだったならば，まったく異なる2つの世界への表現など不可能なことだったろう．ヒルベルト空間は，無限次元性と線形性が働く世界の中で，水のような平明さを映し出しているが，同時にまた無限の中に沈みこんでいくような深さをたたえている．そしてそれは20世紀数学の発展の過程で，はるかな広がりを得ていったのである．

歴史の潮騒

1903年に，Acta Mathematica という北欧の数学誌に“関数方程式のあるクラスについて”という論文が掲載された．著者はノールウェイの数学者フレードホルムであった．フレードホルムはこの論文で

$$f(x)-\lambda\int_a^b K(x, t)f(t)dt = \varphi(x) \qquad (11)$$

という**積分方程式**の解法を示したのである．（実際はフレードホルムは左辺の λ の前の符号が + の形で取り扱った．）ここで $\varphi(x)$ はあらかじめ与えられた連続関数で，$K(x,t)$ は $[a,b]\times[a,b]$ 上で定義された2変数の連続関数である．$K(x,t)$ をこの積分方程式の**核**という．求めようとしている未知関数は $f(x)$ である．フレードホルムはこの積分方程式を n 元1次連立方程式の“$n\to\infty$ 版”として，その解法に近づいていこうとした．そのため，フレードホルムは区間 $[a,b]$ を n 等分してその分点を $x_1,x_2,\cdots,x_n$ とすると

$$\int_a^b K(x,t)f(t)dt = \lim_{n\to\infty}\sum_{j=1}^n K(x,x_j)f(x_j)\Delta t \qquad \left(\Delta t=\frac{b-a}{n}\right)$$

となることに注意して，(11)のかわりに，まず近似的に n 元1次連立方程式

$$f(x_i)-\lambda\sum_{i=1}^n K(x_i,x_j)f(x_j)\Delta t = \varphi(x_i)$$

を解くことからスタートした．ここで未知数は $f(x_1),f(x_2),\cdots,f(x_n)$ である．フレードホルムは実際これにクラーメルの解法を適用し，$f(x_i)$ $(i=1,2,\cdots,n)$ を行列式を用いて表わし，次にその解が $n\to\infty$ とするとき（これは区間 $[a,b]$ の分点を増していくことに対応している），どのような挙動をとるかを，注意深く綿密に追っていった．そしてその極限移行の果てに，（そこにはある条件はいるが）$f(x_1),f(x_2),\cdots,f(x_n)$ は，究極的にはある連続関数 $f(x)$ を描き，この $f(x)$ が(11)の解となっていることを示したのである．

しかし，n 元1次の連立方程式に対するクラーメルの解法は，線形写像の立場からみれば，$\boldsymbol{R}^n$ から $\boldsymbol{R}^n$ への同相写像の逆写像の具体的な形を求めるということになっている．したがって，フレードホルムのように，積分を区間 $[a,b]$ の n 等分点をとったときの近似和で $n\to\infty$ としたときの極限であるという考え方で，積分方程式の解法を求めることは，$\boldsymbol{R}^n$ 上の線形写像の考察から，一気に無限次元のベクトル空間の線形写像の考察へと，階段を駆け上ったことを意味している．この駆け上った階段の上に立ってみると，そこにヒルベルト空間の沃野が展開していたのである．

ゲッチンゲン大学にあって，当時すでに世界の数学の最高峰として仰がれていたヒルベルトは，このフレードホルムの論文に触発されて，1904年から1906年までの間に6つの論文を著わし，それらを1912年になって，『線形積分方程式の一般論概要』という280頁ほどの本にまとめて出版した．

ヒルベルトは，ここでとくに(11)の積分方程式の核 $K(x,t)$ が

$$K(x,t)=K(t,x)$$

をみたす，**対称核をもつ積分方程式**というものを研究した．いま

$$Kf=\int_a^b K(x,t)f(t)dt$$

とおくと，K は，$C^0[a,b]$ から $C^0[a,b]$ への線形作用素となるが，このとき積分方程式(11)は

$$(I-\lambda K)f=\varphi$$

の形になる．ヒルベルトは，ここに現われる線形作用素 $f\to Kf$ が完全連続性という性質をもつことに注目して，この作用素の固有値と，固有空間へ分解する状況を研究したのである．その結果によれば，ある0でない f があって

$$\lambda Kf=f$$

(いままでの固有値の定義にしたがう表わし方では，$Kf=\dfrac{1}{\lambda}f$ となる)となるような λ は，必ず実数であって，$|\lambda_1|\leqq|\lambda_2|\leqq\cdots\leqq|\lambda_n|\leqq\cdots\to\infty$ となるように並べることができる．そしてこのような λ_n に対して

$$\lambda_n Kf=f$$

をみたす連続関数の全体(固有空間！)は，有限次元のベクトル空間になる．

ヒルベルトが，とくに対称核をもつ積分方程式を研究しようとしたのは，フレードホルムの理論を，2次形式

$$\sum K(x_j,x_k)\xi_j\xi_k$$

の $n\to\infty$ へいくときの状況を示すものとして理解しようとしたからである．このヒルベルトの思想は上に述べたヒルベルトの著書の第4章"無限変数をもつ2次形式の理論"の中に明確に述べられ，

そこにヒルベルト空間の幕開けがあったのである．

いま $[-\pi, \pi]$ 上で定義された連続関数の空間 $C^0[-\pi, \pi]$ に内積

$$(f, g) = \int_{-\pi}^{\pi} f(x) g(x) dx$$

を導入すると，第3週金曜日に述べたことにより

$$\frac{1}{\sqrt{2\pi}}, \quad \frac{\cos x}{\sqrt{\pi}}, \quad \frac{\sin x}{\sqrt{\pi}}, \quad \frac{\cos 2x}{\sqrt{\pi}}, \quad \frac{\sin 2x}{\sqrt{\pi}}, \quad \cdots \qquad (12)$$

は，$C^0[-\pi, \pi]$ の中で完全正規直交系をつくっていることがわかる．任意の連続関数は，平均2乗収束の意味でフーリエ級数として展開されるから，(12)のすべてに直交する関数は0しかないのである．簡単のため，(12)の関数列を

$$e_1(x), e_2(x), \cdots, e_n(x), \cdots$$

と表わすことにしよう．

ここでヒルベルトは，($a = -\pi$，$b = \pi$ の場合における)(11)の積分方程式に対して

$$k_{p,q} = \int_{-\pi}^{\pi} \int_{-\pi}^{\pi} K(s, t) e_p(s) e_q(t) ds dt$$

$$b_p = \int_{-\pi}^{\pi} \varphi(s) e_p(s) ds$$

$$x_p = \int_{-\pi}^{\pi} f(s) e_p(s) ds$$

とおいた．このとき積分方程式(11)を解くことは，対応するフーリエ級数の係数でみることにすると，無限個の変数 $x_1, x_2, \cdots, x_p, \cdots$ に関する連立方程式

$$x_p - \lambda \sum_{q=1}^{\infty} k_{p,q} x_q = b_p \qquad (p = 1, 2, \cdots)$$

を解くことに帰着する．ただし，フーリエ係数に対するベッセルの不等式があるから

$$\sum_{p,q} k_{p,q}{}^2 < +\infty, \quad \sum_p b_p{}^2 < +\infty, \quad \sum_p x_p{}^2 < +\infty$$

をみたしていなくてはならない．このようにして，フーリエ級数の

理論は，l^2-空間という無限次元空間へと進む最初の足がかりを与えたのである．

1908年にヒルベルトの高弟であったシュミットと，それとは独立にフレシェが，l^2-空間を無限次元の内積空間として捉える視点をはじめて導入し，同時にl^2-空間のもつもう1つの重要な特性“完備性”も明らかにした．ここにヒルベルト空間が誕生し，それとともに解析学のさまざまな問題が，ヒルベルト空間上の幾何学という舞台の上で展開することになったのである．

ヒルベルト空間の誕生にとって，幸運な状況は，1902年のルベーグの学位論文によるルベーグ積分の理論が当時すでに数学者に新しい世界を指し示していたことにあった．1907年から1908年にかけて，フィッシャーとF. リースによって独立に次のことが示された——$L^2[a,b]$は完備な距離空間となり，関数fにそのフーリエ係数を対応させることにより，l^2-空間と同型になる．このリース-フィッシャーの定理により，ヒルベルト空間にルベーグ積分も加わって，その理論の枠組みはいっそう強固なものとなっていった．

しかし，ヒルベルト空間がここに述べたような抽象的なベクトル空間の言葉によって提示されるようになるには，1920年代後半のフォン・ノイマンの登場までまたなければならなかったのである．

♣ このヒルベルト空間誕生の歴史については，前に述べた『固有値問題30講』の中に詳しく述べられているので，関心のある読者はそれを参照していただきたい．

先生との対話

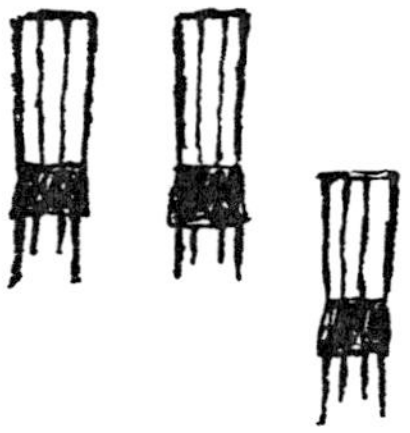

“歴史の潮騒”を聞いて，皆は第3週に習ったフーリエ級数の理論が，ヒルベルト空間の最初の出発点——l^2-空間——へとつながっていったことに，改めて歴史の流れの不思議を感じていた．第1週,第2週の話の中からは，無限次元空間へつながっていくような幾何学的なものは感じとれなかったと，思い起こしている人もいた．

山田君が質問した．

「有限次元のときは正規直交基底といっていたのに，ヒルベルト空間へきたら基底という言葉は消えて，完全正規直交系となりました．これには何か理由があるのですか．」

「理由というほどのことではないかもしれませんが，“基底”という言葉はふつうは代数的な意味で使われているようです．有限次元のベクトル空間 $\boldsymbol{V}$ の基底が，$\{\boldsymbol{e}_1, \boldsymbol{e}_2, \cdots, \boldsymbol{e}_n\}$ であるということは，$\boldsymbol{V}$ の元 $\boldsymbol{x}$ がただ1通りに $\boldsymbol{x} = \sum_{i=1}^{n} a_i \boldsymbol{e}_i$ と表わされることです．ヒルベルト空間は無限次元ですから，これに対応する和は，代数的なものではなくて，級数としての和となっています．すなわち $\{e_1, e_2, \cdots, e_n, \cdots\}$ がヒルベルト空間 $\mathscr{H}$ の完全正規直交系とは，$\mathscr{H}$ の元 x が，$x = \sum_{n=1}^{\infty} a_n e_n$ と表わされることで，これは

$$\lim_{N\to\infty}\left\|x - \sum_{n=1}^{N} a_n e_n\right\| = 0$$

ということです．そのため“基底”という言葉を使わないことにしたのでしょう．それにかわって $\mathscr{H}$ の元を表わすために必要なものは完全にそろっているという意味で，完全正規直交系といったのでしょう．ここで用いた“完全”は英語では complete で，それは完備を表わす英語にもなっています．」

明子さんが少し首をかしげながら，次に質問した．

「私は l^2-空間を，$\boldsymbol{R}^n$ とのアナロジーで考えようとしていました——本当は $\boldsymbol{C}^n$ とのアナロジーで考えた方がよかったかもしれませんが．$\boldsymbol{R}^n$ の中で，半径1の球面というと

$$\|\boldsymbol{x}\|^2 = {x_1}^2 + {x_2}^2 + \cdots + {x_n}^2 = 1$$

と表わされるような点 $\boldsymbol{x} = (x_1, x_2, \cdots, x_n)$ です．これもよくわからないのですが，地球の表面やボールのようなものを私はイメージしています．このアナロジーをたどると，l^2-空間の中で，原点中心，半径1の球面というと

$$\|\alpha\|^2 = |\alpha_1|^2 + |\alpha_2|^2 + \cdots + |\alpha_n|^2 + \cdots = 1$$

をみたす $\alpha = (\alpha_1, \alpha_2, \cdots, \alpha_n, \cdots)$ の全体だと思います．この球面上には

$$e_1 = (1, 0, 0, \cdots),\ \ e_2 = (0, 1, 0, \cdots, 0, \cdots),\ \ \cdots,$$

$$e_n = (0, 0, \cdots, 0, 1, 0, \cdots), \quad \cdots$$

が乗っています．$m \neq n$ のとき

$$\begin{aligned}\|e_m - e_n\|^2 &= (e_m - e_n, e_m - e_n) \\ &= (e_m, e_m) + (e_n, e_n) = 2\end{aligned}$$

となって，e_m と e_n の距離はいつでも $\sqrt{2}$ です．球面上に無限に点があって，その相互の距離はいつも $\sqrt{2}$ となるような状況は，私にはどうしても想像することができません．」

誰かが小さい声で，「無限に人がいても，どこにも人口が密集する所がないんだよね」といった．

先生が大きくうなずいて，窓越しに空を見ながらじっと考えておられたが，しばらくして話し出された．

「そうなんです．有限次元の場合と無限次元の場合の一番大きな違いはそこにあったといってもよいのです．第2週月曜日に，閉区間 $[a, b]$ 上で定義された連続関数は必ず有界であって，最大値，最小値をとるということを証明しましたが，このとき，閉区間 $[a, b]$ に無限個の点列 $x_1, x_2, \cdots, x_n, \cdots$ があると，必ずこの点列の中である点 x_0 に密集していくようなものを見つけることができるという事実を使いました．この事実は実数の連続性から導かれるものでした．同様の証明で，有限次元の場合，$\boldsymbol{R}^n$ の単位球面——半径1の球面——の上で定義された連続関数は，必ず有界であって，最大値，最小値をとるということが示されます．$\boldsymbol{C}^n$ の単位球面でも同じことが成り立ちます．

ところが明子さんの質問にあった l^2-空間，一般にはヒルベルト空間の単位球面では，このことは一般には成り立たなくなってくるのです．ヒルベルト空間 $\mathcal{H}$ の単位球面を S^∞ とし，$\mathcal{H}$ の完全正規直交系を $\{e_1, e_2, \cdots, e_n, \cdots\}$ とすると，明子さんが注意したように，

$$e_n \in S^\infty \qquad (n = 1, 2, \cdots)$$

で

$$\|e_m - e_n\| = \sqrt{2} \qquad (m \neq n)$$

となっています．このとき，位相空間論とよばれている理論を使ってみると，S^∞ 上の実数値をとる連続関数 $f(x)$ で

$$f(e_1)=1,\ f(e_2)=2,\ \cdots,\ f(e_n)=n,\ \cdots$$

となるものが存在することがわかります．

このような関数が存在することは，e_n から測って $\frac{\sqrt{2}}{3}$ 以内の範囲を考えると，これらの範囲は S^∞ 上で互いに重ならない範囲となっていることからも推測できます．感じだけでよければ，図のような関数をつくることができることからわかるでしょう．

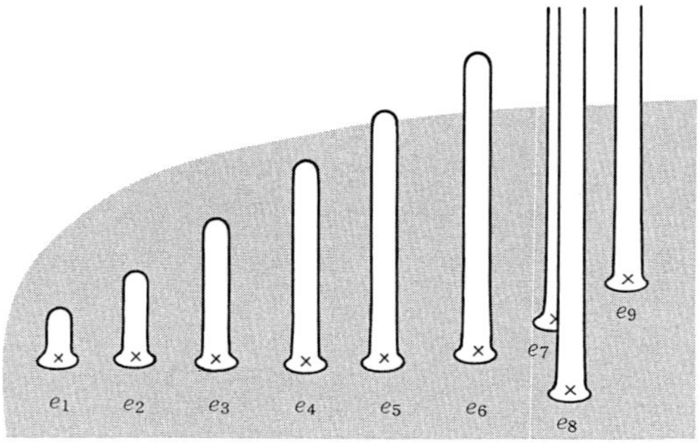

$e_1, e_2, \cdots, e_n, \cdots$ 上でしだいに値が大きくなる関数の状況．カゲをつけた部分が S^∞．

ところでこのような関数の存在を図示しようとすると，どうしてもこんな図になってしまいます．これは明子さんのイメージしていた地球表面やボールのようなものとは全然違います．$\boldsymbol{R}^n$ や $\boldsymbol{C}^n$ と同じような言葉を使ってヒルベルト空間上にも幾何学的な考察を展開しますが，ここでみたように，球面という概念を1つとってみても，実際は有限次元の場合と無限次元の場合とでは，そこに含まれている性質は一般にはまったく異なったものになっています．そして実際このことが，ヒルベルト空間の作用素の言葉で，古典的な解析学を見直そうとしたとき，さまざまな局面でむずかしい問題を提供してきたのです．」

前のノートを見て考えていたかず子さんが，

「先週フーリエ級数をお話されたとき，パーセバルの等式はフェイェールの定理を証明してから，はじめて証明できました．でもいまになってみると，三角関数列が完全正規直交系をつくることさえわかれば，もっと簡単に証明できることだったのですね．」

と質問した．

「そうですね．三角関数列が“完全”であるかどうかがはっきりしなかった点と，連続関数の中だけで考えていたことが，フェイェールの定理を大きく迂回してパーセバルの等式に到着したということになったのでしょう．$L^2[-\pi, \pi]$ が完備であるということが，パーセバルの等式の背景には組みこまれていたのですね．」

問　　題

［1］ ヒルベルト空間の 2 元 x, y の内積 (x, y) の実数部分，虚数部分に対して，次の関係が成り立つことを示しなさい．

$$\mathcal{R}(x, y) = \frac{1}{4}(\|x+y\|^2 - \|x-y\|^2)$$

$$\mathcal{I}(x, y) = \frac{-1}{4}(\|ix+y\|^2 - \|ix-y\|^2)$$

［2］ ヒルベルト空間 $\mathcal{H}$ の完全正規直交系を $\{e_1, e_2, \cdots, e_n, \cdots\}$ とすると

$$\sum_{n=1}^{\infty} \alpha_{2n} e_{2n}, \qquad \sum |\alpha_{2n}|^2 < +\infty$$

と表わされる元全体もまたヒルベルト空間をつくることを示しなさい．

［3］ ヒルベルト空間 $\mathcal{H}$ の完全正規直交系を $\{e_1, e_2, \cdots, e_n, \cdots\}$ とする．このとき $0 < \theta < \frac{\pi}{2}$ に対し

$$f_1 = \frac{1}{\sqrt{2}}(\cos\theta\, e_1 + \sin\theta\, e_2),\ f_2 = \frac{1}{\sqrt{2}}(\cos\theta\, e_1 - \sin\theta\, e_2),\ \cdots,$$

$$f_{2n-1} = \frac{1}{\sqrt{2}}(\cos\theta\, e_{2n-1} + \sin\theta\, e_{2n}),\ f_{2n} = \frac{1}{\sqrt{2}}(\cos\theta\, e_{2n-1} - \sin\theta\, e_{2n}),\ \cdots,$$

とおくと，$\{f_1, f_2, \cdots, f_{2n-1}, f_{2n}, \cdots\}$ もまた $\mathcal{H}$ の完全正規直交系となることを示しなさい．

お茶の時間

質問　l^2-空間がヒルベルト空間の原型であるというお話でしたが，なぜ無限次元のベクトル空間を考えるとき，最初に数列の 2 乗に注目するようになったのでしょうか．というのは，ぼくは複素数列 $\alpha=(\alpha_1, \alpha_2, \cdots, \alpha_n, \cdots)$ を考えるならば，その級数が絶対収束するもの全体，すなわち $\sum_{n=1}^{\infty}|\alpha_n|<+\infty$ をみたすもの全体を考える方が自然に思えるからです．

答　数列と級数だけを考えるのならば，確かに君のいうように絶対収束する級数全体を考える方が自然だろう．しかしいま問題となっているのは数列や級数のことではなく，無限次元のベクトル空間に幾何学的な視点を導入することによって，そこに代数的なものと解析的なものを融和させる地点を見つけることにある．なぜ 2 乗に注目したかといわれれば，その遠因はピタゴラスにあるといわざるを得ないのだろう．ピタゴラスの定理によれば，幾何学的量の基本，長さ，を座標を用いて表わすには，2 乗の考えが絶対に必要だということになっている．パーセバルの定理も，ピタゴラスの定理の“無限次版”とみられないわけではなく，そう見ると，$\sum|\alpha_n|^2<+\infty$ という条件は，無限次元でもピタゴラスの定理が成り立つような幾何学をつくるための保証となっている．

君がいった数列 α で，$\sum_{n=1}^{\infty}|\alpha_n|<\infty$ をみたすもの全体はもちろん重要な空間である．これを l^1-空間という．l^1-空間にはノルムを

$$\|\alpha\| = \sum_{n=1}^{\infty}|\alpha_n|$$

として導入することができ，l^1-空間はこのノルムに関して完備となっている．しかしこのノルムは内積から導かれるようなものではなく，l^1-空間は本質的にヒルベルト空間と異なっている．l^1-空間ではヒルベルト空間のような幾何学的背景に支えられた議論を展開していくことがむずかしい．

土曜日

ヒルベルト空間上の線形作用素

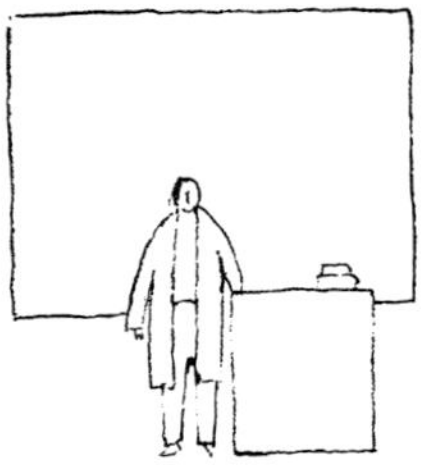

先生の話

昨日の“歴史の潮騒”の中で述べたように，ヒルベルトが積分方程式の研究から，ヒルベルト空間への端緒を最初に見出したのは l^2-空間においてでした．すべてのヒルベルト空間は l^2-空間と同型です．この状況は，n 次元の複素内積空間がすべて $\boldsymbol{C}^n$ と同型になることと同じようなことです．有限次元の場合には，この事実から，線形写像を調べるときには，線形写像を行列として表現して調べることができました．実際有限次元の場合，何も線形写像を表に出さなくとも，行列の理論を展開しておけばそれで十分であったといってもよいのです．

それではヒルベルト空間上の線形写像を調べるときにも，同じように l^2-空間へ移して調べるという立場に立ってもよいのでしょうか．原理的にはもちろんそれで十分なのですが，それはヒルベルト空間の一般論を展開する立場としては適当なものではないのです．ここにヒルベルト空間の線形写像の研究から生じてきた，表現に関する微妙な問題があります．そしてそのことがまた数学の抽象性を強めたといってもよいでしょう．そのことを少しお話ししてみましょう．

ヒルベルト空間はすべて同型なのですから，ヒルベルト空間を l^2-空間として調べてみても，$L^2[-\pi,\pi]$ として調べてみても同じことになります．しかし，たとえば l^2-空間の中ではごく自然な線形作用素——移動作用素——

$$T:(\alpha_1,\alpha_2,\alpha_3,\cdots,\alpha_n,\cdots)\longrightarrow(\alpha_2,\alpha_3,\cdots,\alpha_n,\cdots)$$

を，$L^2[-\pi,\pi]$ に移して考えてみると，l^2 の元とフーリエ係数が対応しますから

$$\tilde{T}:f=a_0+a_1\cos x+b_1\sin x+a_2\cos 2x+b_2\sin 2x+\cdots$$
$$\longrightarrow g=a_1+b_1\cos x+a_2\sin x+b_2\cos 2x+a_3\sin 3x+\cdots$$

という線形写像になります．$f\in L^2[-\pi,\pi]$ が $\tilde{T}$ によって g に移ることを $\tilde{T}f=g$ と書いてみると，L^2-関数 f が g へ移る状況は決して

自然なものではなく，L^2-関数を調べるという観点で $\tilde{T}$ のような線形作用素を調べることは，いわば不透明なものとなってしまいます．

逆に $L^2[-\pi,\pi]$ の側からみてみると，$[-\pi,\pi]$ 上で定義された連続関数 $\varphi(x)$ に対し，$L^2[-\pi,\pi]$ 上の線形作用素 $\tilde{S}_\varphi$ を

$$\tilde{S}_\varphi : f \longrightarrow \varphi f \qquad (\text{かけ算！})$$

と定義することはごく自然なことでしょう．しかしこんどはこれを l^2-空間の方に移してみると，$f(x)$ のフーリエ係数を，$\varphi(x)f(x)$ のフーリエ係数に対応させる写像 S_φ となり，その対応の表現からは連続関数 φ の姿は完全に消えて，l^2-空間上では何の意味をもつのかわからないような線形写像の形をとることになるでしょう．

この例でもわかるように，ヒルベルト空間の同じ線形作用素でも，l^2-空間上で表現するか，$L^2[-\pi,\pi]$ 上で表現するかによって，一方の空間でこの作用素の示す固有な性質は，他方の空間へ移るとほとんど完全に消えてしまいます．このような劇的な現象は有限次元では決して起きませんでした．ヒルベルト空間では，“無限”という見通しのきかない深い霧の中を通って，l^2-空間と $L^2[-\pi,\pi]$ の同型を結ぶ道があるために，それぞれの空間で線形写像を表現した姿は，いわばこの霧の道中の途中で完全に変わってしまうのでしょう．

このことは，ヒルベルト空間上の線形写像を一般的に調べるのには，ある具体的なヒルベルト空間に移して調べることはあまり適当でないことを物語っています．もちろん，上で例として述べた T と $\tilde{T}$ も，また S_φ と $\tilde{S}_\varphi$ も，背景にあるヒルベルト空間の“構造”に立つ限り，まったく同じ作用素です．したがって，線形作用素としての固有の性質を確実に取り出し，それを調べるには，具体的な空間への表現という考えに立たず，抽象的なヒルベルト空間の論理構造――ヒルベルト空間の公理――に立って調べることがもっともよい立場であるということになってきます．いわば理論全体を抽象性の中に埋没させるのが一番よいのです．

今日はそのような立場に立って行なわれるヒルベルト空間の線形作用素の理論について，その見通しだけを簡単にお話ししましょう．

有界作用素

$\mathcal{H}$をヒルベルト空間とし，Tを$\mathcal{H}$から$\mathcal{H}$への線形作用素とする．ヒルベルト空間の線形作用素に対しては，連続性の条件，すなわち$x_n \to x$のとき$Tx_n \to Tx$という条件をおくことは自然なことになってくる．これについて次の定理が成り立つ．

定理　線形作用素Tが

連続性：$x_n \to x$ のとき $Tx_n \to Tx$

をみたす必要十分条件は，次の有界性をみたすことである．

有界性：ある正数Kをとると，すべてのxに対し

$$\|Tx\| \leqq K\|x\|$$

が成り立つ．

［証明］ 必要性：Tが連続性をみたしているとする．このとき有界性が成り立たないとして矛盾の生ずることをみよう．有界性が成り立たなければ，どんな自然数nに対しても

$$\|Tx_n\| > n\|x_n\| \qquad (1)$$

となるx_nが存在する．このとき$y_n = \dfrac{1}{\sqrt{n}\|x_n\|}x_n$とおくと，$\|y_n\| = \dfrac{1}{\sqrt{n}} \to 0$ $(n\to\infty)$となる．一方，(1)の辺々を$\sqrt{n}\|x_n\|$で割って

$$\|Ty_n\| > \sqrt{n}$$

となる．連続性から$Ty_n \to 0$ $(n\to\infty)$となるはずだからこれは矛盾である．これで必要性が証明された．

十分性：有界性が成り立ったとしよう．このとき$x_n \to x$とすると

$$\|Tx_n - Tx\| = \|T(x_n - x)\| \leqq \|T\|\|x_n - x\|$$

となり，$Tx_n \to Tx$ $(n\to\infty)$がいえる．　　（証明終り）

定義　ヒルベルト空間の線形作用素で，有界性の条件をみたすものを**有界作用素**という．

♣　有限次元の内積空間では，線形作用素はすべて連続となる．それは線

形作用素が座標の1次式として表わされていることからわかる．ヒルベルト空間のときには線形作用素といっても連続であるとは限らない．もっともこのことを示すには選択公理を必要とするようである．連続でない線形作用素の例を構成するために，ヒルベルト空間 $\mathscr{H}$ の完全正規直交系 $\{e_1, e_2, \cdots, e_n, \cdots\}$ を考え，この中から勝手に有限個を取り出してつくった1次結合 $\sum \alpha_{i_s} e_{i_s}$ 全体のつくる部分空間を V とする．V は $\mathscr{H}$ の稠密な部分空間である．選択公理を使うと，この V に対し部分空間 $\tilde{V}$ があって，$\mathscr{H}$ は $\mathscr{H} = V \oplus \tilde{V}$ と直和分解されることがわかる．$\mathscr{H}$ の元をこの直和分解にしたがって $x = x_1 + x_2$ $(x_1 \in V, x_2 \in \tilde{V})$ と表わすとき，線形作用素を $Tx = x_1$ により定義すると，T は連続でない線形作用素の例を与えている．

T を有界作用素とする．このとき $\|Tx\| \leqq K\|x\|$ という有界性の条件式の両辺を $\|x\|$ で割ると

$$\left\| T\left(\frac{x}{\|x\|}\right) \right\| \leqq K$$

となる．$y = \dfrac{x}{\|x\|}$ とおくと，$\|y\| = 1$ である．したがって右辺の K は，T が $\mathscr{H}$ の単位球面 $\|y\| = 1$ 上でとる値を上から押えているということになる．したがって T が単位球面上でとる値に注目して

$$\sup_{\|y\|=1} \|Ty\| = \|T\|$$

とおくと，$\|T\|$ はすべての x に対し $\|Tx\| \leqq K\|x\|$ をみたす正数 K の**下限を与えている**ことになる．$\|T\|$ を T の**ノルム**という．

S と T を有界な作用素とする．このとき

$$(\alpha S + \beta T)(x) = \alpha S(x) + \beta T(x), \qquad \alpha, \beta \in \boldsymbol{C}$$

$$ST(x) = S(T(x))$$

とおくと，$\alpha S + \beta T$，ST は有界な作用素であって

$$\|\alpha S + \beta T\| \leqq |\alpha|\|S\| + |\beta|\|T\|$$

$$\|ST\| \leqq \|S\|\|T\|$$

が成り立つ．たとえば2番目の不等式は

$$\|STx\| = \|S(Tx)\| \leqq \|S\|\|Tx\| \leqq \|S\|\|T\|\|x\|$$

がすべての x で成り立つことからわかる．

閉部分空間

ヒルベルト空間 $\mathcal{H}$ を部分空間に分解するとき，閉部分空間という概念が重要なものになってくる．

定義　$\mathcal{H}$ の部分空間 M が次の性質をみたすとき，M を**閉部分空間**という：

M の点列 $\{x_n\}$ $(n=1,2,\cdots)$ が $n\to\infty$ のとき，$\mathcal{H}$ の点 x_0 に収束するならば $x_0\in M$ である．

要するに M の中から近づける点は必ず M に属しているということである．したがってとくに M の点からなる $\mathcal{H}$ のコーシー列は，必ず M の点に収束していることになる．すなわち閉部分空間 M は完備である．

逆に完備性を備えた部分空間は必ず閉部分空間となっている．それは，M の中の点列 $\{x_n\}$ が $x_0(\in\mathcal{H})$ に収束しているときは $\{x_n\}$ はコーシー列となっていることに注意するとよい．M が完備ならば，このとき $x_0\in M$ となる．とくに $\mathcal{H}$ の有限次元の部分空間は閉部分空間である(119 頁参照)．

閉部分空間のもつ基本的な性質を，例で示してみることにしよう．そのため $\mathcal{H}$ の完全正規直交系を1つとり，それを $\{e_1, e_2, \cdots, e_n, \cdots\}$ とする．いま e_n $(n=1,2,\cdots)$ を偶数番目と奇数番目にわけて

$$E = \{e_2, e_4, e_6, \cdots, e_{2n}, \cdots\}$$
$$F = \{e_1, e_3, e_5, \cdots, e_{2n-1}, \cdots\}$$

とする．

$\mathcal{H}$ の元で

$$\sum_{n=1}^{\infty}\gamma_{2n}e_{2n} \qquad \left(\sum_{n=1}^{\infty}|\gamma_{2n}|^2<+\infty\right)$$

と表わされるもの全体は $\mathcal{H}$ の閉部分空間 M をつくる．M はそれ自身ヒルベルト空間の構造をもっており，明らかに E は M の完全正規直交系となっている．同様に $\mathcal{H}$ の元で

$$\sum_{n=1}^{\infty}\gamma_{2n-1}e_{2n-1} \qquad \left(\sum_{n=1}^{\infty}|\gamma_{2n-1}|^2<+\infty\right) \tag{2}$$

と表わされるもの全体は $\mathcal{H}$ の閉部分空間 N をつくる．F は N の完全正規直交系となっている．

$\mathcal{H}$ の元 x を，

$$x = \sum_{n=1}^{\infty}\alpha_n e_n \qquad (\alpha_n=(x, e_n))$$
$$= \sum_{n=1}^{\infty}\alpha_{2n}e_{2n}+\sum_{n=1}^{\infty}\alpha_{2n-1}e_{2n-1}$$

と表わすと，x は

$$x = x_1+x_2, \qquad x_1\in M, x_2\in N$$

とただ1通りに分解されていることがわかる．さらに

$$(x_1, x_2) = 0$$

である．

このことを $\mathcal{H}$ は閉部分空間 M, N によって**直交分解**されるといい

$$\mathcal{H} = M\perp N$$

と表わす．N は M に直交する元全体からなっている．実際，すべての e_{2n} $(n=1,2,\cdots)$ に直交する $\mathcal{H}$ の元は(2)のように表わされている．

N を M の**直交補空間**といって $N=M^{\perp}$ と表わす．一方，M は N の直交補空間となっている：$M=N^{\perp}$.

この状況は，一般的に閉部分空間に対して成り立つのである．すなわち次の定理が成り立つ．

定理　M を $\mathcal{H}$ の閉部分空間とする．

（i）$M\neq\mathcal{H}$ ならば，必ず M のすべての元と直交する元 y_0 が存在する．

（ii）M のすべての元と直交する元全体は $\mathcal{H}$ の閉部分空間 N をつくる：

$$N = \{y\,|\,\text{すべての } x\in M \text{ に対し } (y, x)=0\}$$

（iii） $\mathscr{H}$ の元 x はただ1通りに

$$x = x_1 + x_2, \qquad x_1 \in M,\ x_2 \in N$$

と表わされる．

この定理で述べていることは，全空間 $\mathscr{H}$ が，M と，M に直交する方向 N に分解するといっているのだから，実に明快な内容である．しかしこの中でとくに(i)の証明はそれほどやさしくないのである．その証明には $\mathscr{H}$ の完備性が本質的に使われる．ここではこの定理の証明は述べないことにする．（前に述べた『固有値問題30講』の第19講参照．）

なおすぐ上に述べたことを繰り返すようであるが，一般的な形での定義を与えておこう．

定義 定理の(ii)の閉部分空間 N を M の**直交補空間**といって，$N=M^{\perp}$ と表わす．また(iii)の分解を M による $\mathscr{H}$ の**直交分解**といって，$\mathscr{H}=M \perp N$ と表わす．

リースの定理と随伴作用素

この定理によって，木曜日に有限次元の内積空間で直交分解を用いて述べたいくつかのことが，ヒルベルト空間にまで一般化されるのである．

そのためまず，ヒルベルト空間 $\mathscr{H}$ **から** $\boldsymbol{C}$ **への連続な線形写像** φ を考えることにしよう．このような φ を $\mathscr{H}$ 上の**線形汎関数**という．

♣ 汎関数は英語では簡明に functional であり，したがって線形汎関数は linear functional である．functional という言葉から伝わってくる働きかけていくような語感を，汎関数と訳したのは，音も似ていて，名訳なのかもしれない．

φ が連続であるということを仮定したおかげで，

$$\mathrm{Ker}\,\varphi = \{x \mid \varphi(x)=0\}$$

は $\mathscr{H}$ の閉部分空間となる．実際，$x_n \in \mathrm{Ker}\,\varphi\ (n=1,2,\cdots)$ で $x_n \to x_0$ ならば，$\varphi(x_n)=0$，$\varphi(x_n)\to\varphi(x_0)$ により $\varphi(x_0)=0$ となり，$x_0 \in \mathrm{Ker}\,\varphi$ となる．

いま $\varphi \neq 0$ と仮定する．この仮定は $\mathrm{Ker}\,\varphi \neq \mathscr{H}$ といっても同じことである．したがって，定理の(i)からこのときは $(\mathrm{Ker}\,\varphi)^{\perp} \neq \{0\}$ であって

$$\mathscr{H} = \mathrm{Ker}\,\varphi \perp (\mathrm{Ker}\,\varphi)^{\perp} \tag{3}$$

と直交分解する．

$(\mathrm{Ker}\,\varphi)^{\perp}$ は 1 次元である．それをみるために，$(\mathrm{Ker}\,\varphi)^{\perp}$ から 0 でない元 e_0 をとり，$\varphi(e_0)=\alpha\ (\neq 0)$ とおく．$\mathscr{H}$ の元 x を勝手に 1 つとって $\varphi(x)=\beta$ とすると

$$\varphi\left(x-\frac{\beta}{\alpha}e_0\right) = \varphi(x)-\frac{\beta}{\alpha}\varphi(e_0) = \beta-\frac{\beta}{\alpha}\alpha = 0$$

したがって $x_1 = x-\dfrac{\beta}{\alpha}e_0$ とおくと，$x_1 \in \mathrm{Ker}\,\varphi$ であり

$$x = x_1+\frac{\beta}{\alpha}e_0 \qquad \left(x_1 \in \mathrm{Ker}\,\varphi,\ \frac{\beta}{\alpha}e_0 \in (\mathrm{Ker}\,\varphi)^{\perp}\right)$$

と表わされる．直交分解(3)による $\mathscr{H}$ の元の表わし方は定理の(iii)によりただ 1 通りだから，これから $(\mathrm{Ker}\,\varphi)^{\perp}$ の元は必ず γe_0 の形で表わされることがわかる．これで $\dim(\mathrm{Ker}\,\varphi)^{\perp}=1$ となることが証明された．

このことから木曜日の“直交分解の 1 つの応用”で行なった議論と同様の議論をたどることができて

$$y_0 = \frac{\overline{\varphi(e_0)}}{\|e_0\|^2}e_0$$

とおくと，

$$\varphi(x) = (x, y_0)$$

と表わされることがわかる．またこのような y_0 は φ によってただ 1 通りに決まる．

なお，$\varphi=0$ のときは，$y_0=0$ とおくことで，同様の結果が成り立つ．

この結果を定理の形で述べておこう．

定理　ヒルベルト空間 $\mathcal{H}$ の線形汎関数 φ は，

$$\varphi(x) = (x, y_0)$$

と表わされる．この y_0 は φ によってただ1つ決まる．

この定理は**リースの定理**とよばれて，ヒルベルト空間の理論における基本定理の1つとなっている．

このリースの定理によって，有界作用素 A に対してその随伴作用素 A^* を定義することができる．すなわち，y を1つとめて

$$\varphi_y(x) = (Ax, y)$$

とおくと，シュワルツの不等式から

$$|\varphi_y(x)| \leqq \|Ax\|\|y\| \leqq \|A\|\|x\|\|y\|$$

となり，したがって $x_n \to x_0$ のとき $\varphi_y(x_n) \to \varphi_y(x_0)$ となることがわかる．φ_y は線形汎関数である．

したがってリースの定理により，

$$\varphi_y(x) = (x, \tilde{y})$$

となる $\tilde{y}$ がただ1つ決まる．そこで

$$\tilde{y} = T^*y$$

とおくと，T^* は線形作用素となる（木曜日，随伴作用素の項参照）．T と T^* は

$$(Tx, y) = (x, T^*y) \qquad (4)$$

という関係で結ばれている．

さらに T^* は有界作用素であって

$$\|T\| = \|T^*\|$$

が成り立つ．これは次のようにして証明される．

$$\|T^*y\|^2 = (T^*y, T^*y) = (TT^*y, y)$$
$$\leqq \|TT^*y\|\|y\| \leqq \|T\|\|T^*y\|\|y\|$$

これから $\|T^*y\| \leqq \|T\|\|y\|$ となり，$\|T^*\| \leqq \|T\|$ が成り立つ．とくに T^* は有界作用素である．(4)から $(T^*)^* = T$ が成り立つことがわかるから，$\|T\| = \|(T^*)^*\| \leqq \|T^*\|$ となり，前の結果とあわせて $\|T\| = \|T^*\|$ が得られる．

有限次元の場合と同じように，T^* を T の随伴作用素という．

射影作用素

$\mathscr{H}$ の閉部分空間 M が与えられたとき，直交分解

$$\mathscr{H} = M \perp M^{\perp} \tag{5}$$

により，$\mathscr{H}$ の元 x は $x=x_1+x_2$（$x_1 \in M$, $x_2 \in M^{\perp}$）と分解される．このとき $Px=x_1$ とおくことにより，線形作用素 P を定義することができる．P を M への**射影作用素**という．$\|x\|=\|x_1\|+\|x_2\| \geqq \|x_1\|=\|Px\|$ だから，$\|Px\| \leqq \|x\|$ となるが，$x_1 \in M$ に対しては $\|Px_1\|=\|x_1\|$ だから，これから

$$\|P\| = 1 \qquad (M \neq \{0\} \text{のとき})$$

であることがすぐにわかる．

$\mathscr{H}$ の 2 つの元 x, y を(5)の分解にしたがって $x=x_1+x_2$, $y=y_1+y_2$ とすると，

$$(Px, y) = (x_1, y) = (x_1, y_1) = (x_1, Py) = (x, Py)$$

となる．したがって

$$P = P^* \tag{6}$$

が成り立つ．

$\mathscr{H}$ の 2 つの閉部分空間 M, N が，$N \subset M$ という関係をみたしているとき，M への射影作用素 P，N への射影作用素 Q の間には

$$Q \leqq P$$

という順序関係があると考えることにしよう．このとき N による直交分解

$$\mathscr{H} = N \perp N^{\perp}$$

を，M の中だけに制限して考えると，M の直交分解

$$M = N \perp \tilde{N}^{\perp} \tag{7}$$

が得られる．ここで $\tilde{N}^{\perp}$ は

$$\tilde{N}^{\perp} = N^{\perp} \cap M$$

であって，M の閉部分空間となっている．

(7)の直交分解に注目して，$\mathscr{H}$ の $\tilde{N}^{\perp}$ への射影作用素を $P-Q$ で表わすことにする．そうすると(7)は射影作用素を使って

$$P = Q + (P - Q)$$

と表わすことができる．

なお恒等作用素を I とすると，つねに $P \leqq I$ である．$I-P$ は M の直交補空間 $M^{\perp}$ への射影を表わしていることになる．

ヒルベルト空間 $L^2[0,1]$ 上での射影作用素について，少し触れておこう．しかしあらかじめ注意しておくと，$L^2[0,1]$ の関数は，"ほとんどいたるところ等しい関数は同じ関数とみる"(第3週，土曜日参照)という約束のもとでの関数である．したがってこの概念になれていない読者には，少しお話のようになってしまうかもしれない．

いま $0 \leqq a \leqq 1$ に対し，$L^2[0,1]$ の部分空間 $M(a)$ を

$M(a) = \{f \mid f \in L^2[0,1]$ で，$f(t)$ は $a \leqq t$ でほとんどいたるところ $0\}$

で定義する．$M(a)$ は区間 $[0,a]$ 以外では実質的には 0 と考えてよい関数の集りである(図参照)．

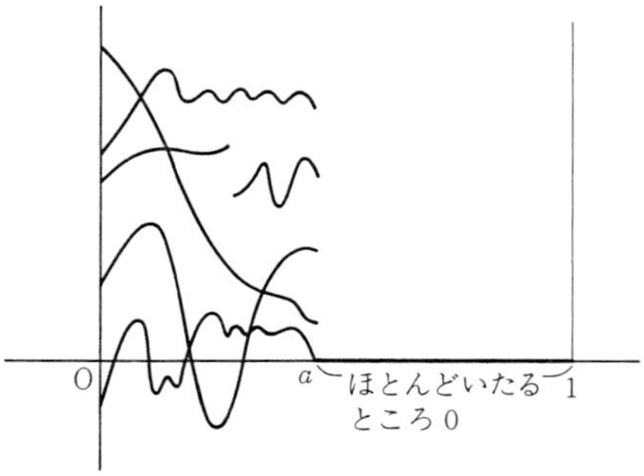

$M(a)$ に属する関数をグラフ表示すると，区間 $[0, a]$ 以外では 0 となる

$M(a)$ は $L^2[a,b]$ の閉部分空間となっている．$L^2[0,1]$ からこの閉部分空間 $M(a)$ への射影作用素を $P(a)$ とする．具体的には $f \in L^2[0,1]$ に対し，$P(a)f$ は

$$P(a)f(t) = \begin{cases} f(t) & 0 \leqq t \leqq a \\ 0 & a < t \leqq 1 \end{cases}$$

として与えられている．

$0 \leqq a < b \leqq 1$ のとき $M(a) \subset M(b)$ であり，また射影作用素 $P(b) - P(a)$ は，$f \in L^2[a,b]$ を区間 $[a,b]$ に制限し，それ以外では 0 と

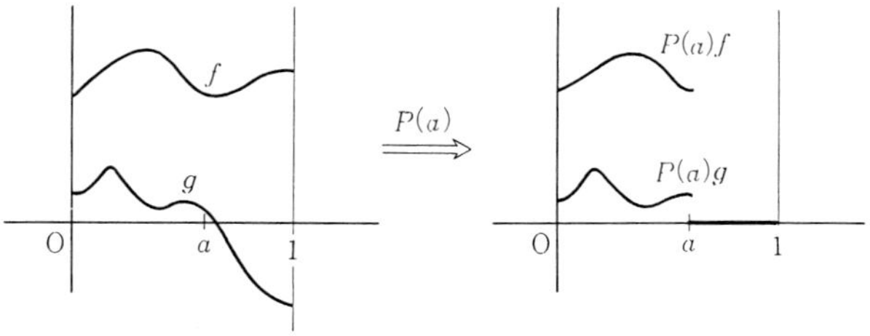

おくような作用素となっている．

いま区間 $[0,1]$ を n 等分してその分点を

$$0=a_0<a_1<a_2<\cdots<a_k<\cdots<a_n=1$$

とおくと，これに対応して $L^2[0,1]$ の閉部分空間の増加列

$$\{0\}=M(a_0)\subset M(a_1)\subset M(a_2)\subset\cdots\subset M(a_k)\subset\cdots\subset M(a_n)$$
$$=L^2[0,1]$$

が得られ，これに対応して射影作用素の増加列

$$0=P(a_0)<P(a_1)<P(a_2)<\cdots<P(a_k)<\cdots<P(a_n)=I$$

が得られる（I は恒等作用素）．

このとき，$f\in L^2[0,1]$ は

$$f=(P(a_1)-P(a_0))f+(P(a_2)-P(a_1))f+\cdots+(P(a_k)-P(a_{k-1}))f$$
$$+\cdots+(P(a_n)-P(a_{n-1}))f \qquad (8)$$

と直交分解される．直交分解といっても，それほど大げさのことではなく，関数 f のグラフでいえば，f のグラフが各区間上で切り離され，それが集められたということになっている．

（8）はすべての f で成り立つのだから，左辺は恒等作用素を用い

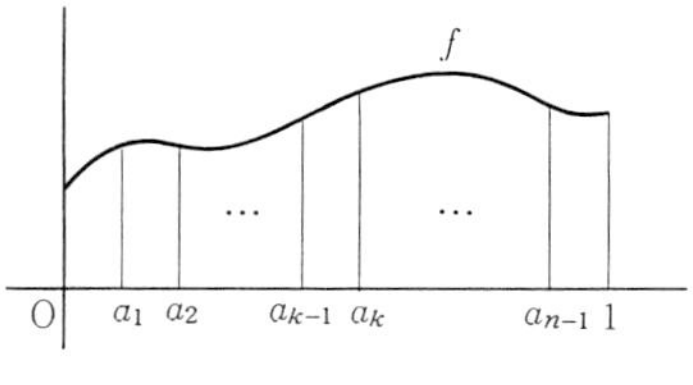

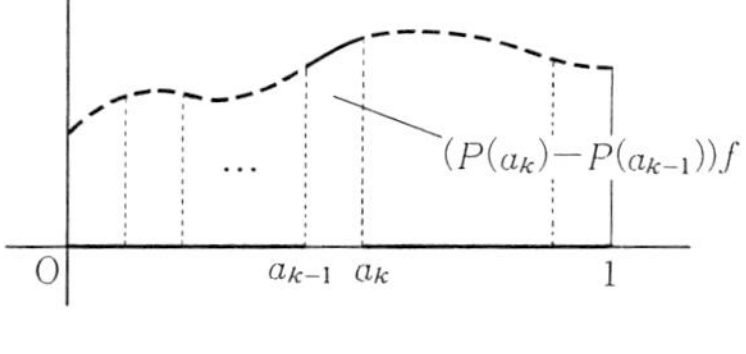

て $If=f$ で表わされることに注意すると，(8)は作用素の間に成り立つ恒等式として，

$$I = \sum_{k=1}^{n}(P(a_k)-P(a_{k-1}))$$

と表わしてもよいだろう．この式は分点の数 n をどんなに大きくしても成り立つのだから，$n\to\infty$ としたときこの恒等式の究極的な形を，“象徴的に”積分記号を用いて

$$I = \int_0^1 dP(a) \tag{9}$$

と表わしてもよいのではなかろうか．

ヒルベルト空間の一般論では，実はこのような象徴的な表示に理論的根拠を与え，それをヒルベルト空間の理論をつくるときの骨組みとしたのである．

エルミート作用素

定義 $\mathcal{H}$ の有界作用素 H が

$$H = H^*$$

をみたすとき H を**エルミート作用素**という．

♣ 有界でない作用素まで取り扱うようなヒルベルト空間の一般理論の中では，$H=H^*$ をみたす作用素を自己共役作用素(self-adjoint operator)というのがふつうである．ここでは有限次元の場合の自然な拡張としてエルミート作用素という言葉を用いた．

たとえば $\mathcal{H}$ が

$$\mathcal{H} = M_1 \perp M_2 \perp \cdots \perp M_k$$

と有限個の閉部分空間 $M_1, M_2, \cdots, M_k$ によって直交分解されているとき，各 M_i $(i=1,2,\cdots,k)$ への射影作用素を P_i とし，有界作用素 H を

$$H = \lambda_1 P_1 + \lambda_2 P_2 + \cdots + \lambda_k P_k \tag{10}$$

と定義する．このとき $\lambda_1, \lambda_2, \cdots, \lambda_k$ が実数のときに限って，H はエルミート作用素となるのである．なぜなら(6)により，$P_i^* = P_i$ だから

$$H^* = \bar{\lambda}_1 P_1{}^* + \bar{\lambda}_2 P_2{}^* + \cdots + \bar{\lambda}_k P_k{}^*$$
$$= \bar{\lambda}_1 P_1 + \bar{\lambda}_2 P_2 + \cdots + \bar{\lambda}_k P_k$$

となり，したがって $H = H^*$ が成り立つためには，$\lambda_i = \bar{\lambda}_i$，すなわち λ_i は実数でなければならない．

エルミート作用素 H が(10)のように表わされているとき，$x_i \in M_i$ に対して

$$Hx_i = \lambda_i x_i$$

が成り立っている($j \neq i$ のとき $P_j x_i = 0$ となることに注意)．

一般に，有限次元の場合のときと同じように，ある 0 でない $\tilde{x}$ に対し

$$H\tilde{x} = \lambda \tilde{x} \qquad (\lambda \in \boldsymbol{C})$$

が成り立つとき，λ を H の**固有値**という．実は，エルミート作用素の固有値は必ず実数となるのである．その証明は次のように行なう：

$$\lambda(\tilde{x}, \tilde{x}) = (\lambda\tilde{x}, \tilde{x}) = (H\tilde{x}, \tilde{x}) = (\tilde{x}, H^*\tilde{x})$$
$$= (\tilde{x}, H\tilde{x}) = (\tilde{x}, \lambda\tilde{x}) = \bar{\lambda}(\tilde{x}, \tilde{x})$$

これから両辺見くらべて $\lambda = \bar{\lambda}$ となる．

有限次元のベクトル空間のことを考えると，どんなエルミート作用素も，(10)のような形か，あるいは(10)で $k \to \infty$ としたような級数の形で表わせるのではないかと考える．そしてそれがヒルベルト空間におけるエルミート作用素に対する固有値問題の解になるだろうと予想してしまう．

しかし実際は，**1つも固有値をもたないエルミート作用素が存在する**のである！

このようなエルミート作用素は，$L^2[0,1]$ 上で次のように簡単に構成することができる．$\varphi(t)$ を区間 $[0,1]$ 上で定義された実数値をとる連続関数で，どんな小さい区間をとっても，$\varphi(t)$ はそこで定数になることはないとしよう．たとえば $\varphi(t)$ は単調増加な関数

としておくとよい．あるいはもっと簡単に $\varphi(t)=t$ ととっておいてもよい．このとき $L^2[0,1]$ 上の線形作用素 H を

$$H: f(t) \longrightarrow \varphi(t)f(t)$$

と定義する．すなわち $Hf=\varphi f$ とおくのである．H は線形作用素で

$$\|H\| \leqq \operatorname*{Max}_{0\leqq t\leqq 1}|\varphi(t)|$$

となることはすぐにわかる．したがって H は有界作用素である．

また，φ は実数値をとる関数だったから

$$\begin{aligned}(Hf,g) &= \int_0^1 \varphi(t)f(t)\overline{g(t)}dt = \int_0^1 f(t)\overline{\varphi(t)g(t)}dt \\ &= (f,Hg)\end{aligned}$$

となり，したがって H はエルミート作用素である．

ところが，H は1つも固有値をもたない．それはもし H が固有値 λ をもつとすると，ある $f_0 \neq 0$ で

$$Hf_0 = \lambda f_0$$

すなわち

$$\varphi(t)f_0(t) = \lambda f_0(t)$$

となる．この式から $(\varphi(t)-\lambda)f_0(t)=0$ となって，$\varphi(t)$ はある区間で $\varphi(t)=\lambda$(定数)となることがわかるのである．($\varphi(t)$ を一般の連続関数にとっておくと，この結論を導くのに，ルベーグ積分の知識が少し必要となる．) これは $\varphi(t)$ のとり方に反してしまう．

この状況をどのように考えたらよいのだろうか．そのため，区間 $[0,1]$ を n 等分して，その分点を $0=a_0<a_1<\cdots<a_n=1$ として，対応して得られる $L^2[0,1]$ の分解(8)をもう一度考えてみよう．(8)はまとめて書くと

$$f = \sum_{k=1}^{n}(P(a_k)-P(a_{k-1}))f \tag{11}$$

と表わされる．$\varphi(t)$ は連続関数だったから，n を十分大きくとって，n 等分点を十分細かくとっておくと，区間 $[a_{k-1},a_k]$ 上では近似式

$$\varphi(t) \fallingdotseq \varphi(a_k)$$

が成り立つ．射影作用素 $P(a_k)-P(a_{k-1})$ は，この区間上だけで関数を考えるという働きをしていたから，したがって

$$(P(a_k)-P(a_{k-1}))\varphi(t)f(t) \doteqdot \varphi(a_k)(P(a_k)-P(a_{k-1}))f(t) \tag{12}$$

となる．

(11)の両辺に，f の代りに φf を代入してこの近似式を使うと，エルミート作用素 H は近似的に

$$Hf \doteqdot \sum_{k=1}^{n}\varphi(a_k)(P(a_k)-P(a_{k-1}))f \tag{13}$$

と表わされることがわかる．この近似式の右辺は，よく見ると(10)の形をしているのである．すなわち，$L^2[0,1]$ は互いに直交する閉部分空間 $L^2[a_{k-1},a_k]$ によって

$$L^2[0,1] = L^2[a_0,a_1]\perp\cdots\perp L^2[a_{k-1},a_k]\perp\cdots\perp L^2[a_{n-1},a_n]$$

と分解され，その各々の空間の上で定数 $\varphi(a_k)$ が f にかけられている．だから右辺の方は簡単にいえば，固有空間が $L^2[a_{k-1},a_k]$ であり，そこで固有値が $\varphi(a_k)$ となる作用素を表わしている！

近似式(13)を等式に変えるためには，右辺で $n\to\infty$ としたときの極限を考察することになるはずである．それを(9)にならって，線形作用素の形として“象徴的に”積分記号を用いて表わせば

$$H = \int_0^1 \varphi(a)dP(a)$$

となるだろう．すなわち(10)の形の式の極限移行は，形式上は積分としての極限移行となってきたのである．

この表わし方では，H の固有空間という概念は極限移行の過程で“連続の霧”の中に消えてしまって，H の固有値だけが，区間 $[0,1]$ にわたって，一様に広く $\varphi(t)$ という連続関数という形で分布しているという状況を示すことになった．(13)の右辺に見られるような“近似的な”固有空間への直交分解は，極限へ移行した段階では積分記号 $\int$ と，$dP(a)$ という記号の中に包みこまれてしまったのである．この結果は，ヒルベルト空間 $\mathcal{H}$ が何か連続的に分解されてしまったような，不思議な謎めいた感じを与えている．

エルミート作用素のスペクトル分解の例

いま述べた $L^2[0,1]$ 上のエルミート作用素を H_φ と書くことにしよう．象徴的な記号

$$H_\varphi = \int_0^1 \varphi(a)dP(a) \tag{14}$$

は，実はヒルベルト空間の一般論の中では，理論の根幹にしっかり組みこまれて，エルミート作用素のスペクトル分解とよばれるものになったのである．この理論の深い内容について，ここで述べるわけにはいかない．ここでは上の例でスペクトルという言葉を説明して，次節で一般のエルミート作用素に対するスペクトル分解定理の定式化だけ述べておくことにしよう．

$\varphi(t)$ という連続関数が，どんな小さい区間をとっても，そこで定数となることがないならば，上に見たように，H_φ は1つも固有値をもたない．しかし（12）で述べていることは，$(P(a_k)-P(a_{k-1}))f=f$ をみたす f に対しては，すなわち $L^2[0,1]$ の閉部分空間 $L^2[a_{k-1},a_k]$ に含まれている関数 f に対しては

$$H_\varphi f \fallingdotseq \varphi(a_k)f \tag{15}$$

が成り立つということである．ここで $L^2[a_{k-1},a_k]$ を $L^2[0,1]$ の閉部分空間とみたのは，もちろん $f\in L^2[a_{k-1},a_k]$ に対して

$$\tilde{f}(t) = \begin{cases} f(t) & t\in[a_{k-1},a_k] \\ 0 & \text{それ以外} \end{cases}$$

とおいて，f と $\tilde{f}\in L^2[0,1]$ を同一視しているのである．(15)の示していることは，$\varphi(a_k)$ は固有値ではないが，近似的には固有値なのである，ということである．$0\leqq t\leqq 1$ をみたすどの $\varphi(t)$ をとってみても，同じように近似的には固有値の様相を示している．しかし，この近似を追いつめていくと，最後には固有値という性質は消え，1つの値 $\varphi(t)$ にはっきりした意味が捉えられなくなって，全体として(14)のような表現の中に φ が立ち現われてくることになる．このような状況を，ヒルベルト空間の一般論の中では，各 $\boldsymbol{\varphi}(\boldsymbol{t})$ は

エルミート作用素 $\boldsymbol{H_\varphi}$ の連続スペクトルであるというのである．

読者は，この連続スペクトルという言葉の背後に，第3週で述べた積分的世界が再び大きな影を落してきたことを察知されるだろう．積分はこんどは作用素の表現として働きはじめたのである．

フーリエの仕事は，区間 $[-\pi,\pi]$ で定義された関数空間を，三角関数列による完全正規直交系によって分解するという着想の中で，積分のもつ働きをはっきりと明示したが，この思想はヒルベルト空間というはるかに一般化された広い理論体系の中にも，そのまま引き継がれたのである．実は歴史的には，無限区間 $(-\infty,\infty)$ にまでフーリエが彼の理論を拡張しようとしたとき，そこにすでに連続スペクトルの萌芽は現われていたのである．

いままでは $\varphi(t)$ がどんな区間をとっても，その上で定数でないことを仮定していた．そのため区間 $[0,1]$ のすべての t で，$\varphi(t)$ の値が H_φ の連続スペクトルとして現われてきた．もし $[0,1]$ に含まれる区間 $[a,b]$ 上で，$\varphi(t)$ が定数 λ に等しかったとすると，λ は連続スペクトルではなく，H_φ の固有値として現われる．実際，$L^2[0,1]$ の閉部分空間と考えた $L^2[a,b]$ に属する関数 g に対して

$$H_\varphi g = \lambda g$$

が成り立っている(図参照)．

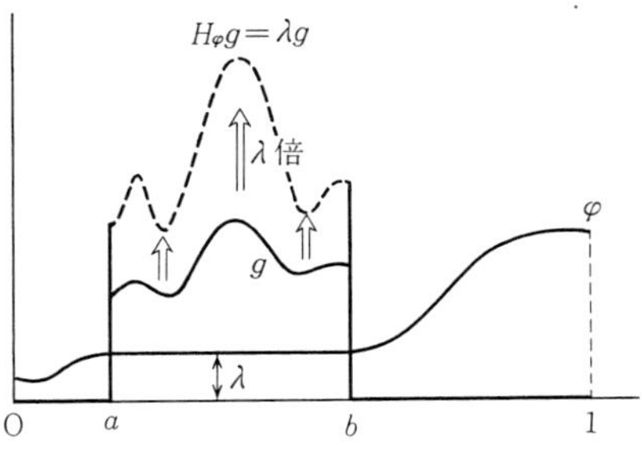

もっともヒルベルト空間論の一般的立場では，このようなとき λ を固有値とはいわず，**点スペクトル**という．したがって，一般の連続関数 φ に対して，$\varphi(t)$ の値は H_φ の連続スペクトルと点スペクトルとして現われる．この状況は図で示しておいた．

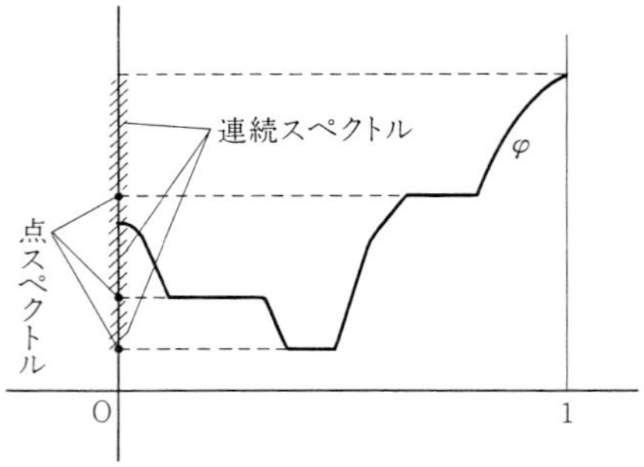

一般のエルミート作用素に対するスペクトル分解定理

H_φ はごく特別なエルミート作用素であるが，ここで生じてきた連続スペクトルと点スペクトルという概念と，それらを射影作用素を用いて積分表示し，それによって H_φ を表わすということは，一般のヒルベルト空間におけるエルミート作用素のスペクトル分解定理とよばれているものの雛型を与えているのである．ただし，一般論を展開するときには，積分を定義するときに用いる区間 $[0,1]$ の分割を，n 等分点をとる分割ではなく，上に述べてきた H_φ の例でいえば φ の値の小さい方から大きい方へ向けての区間の分割とする．これは図で説明した方がよい．図で φ はごくふつうの連続関数としている．この図では y 座標の方が，7 等分されている．その

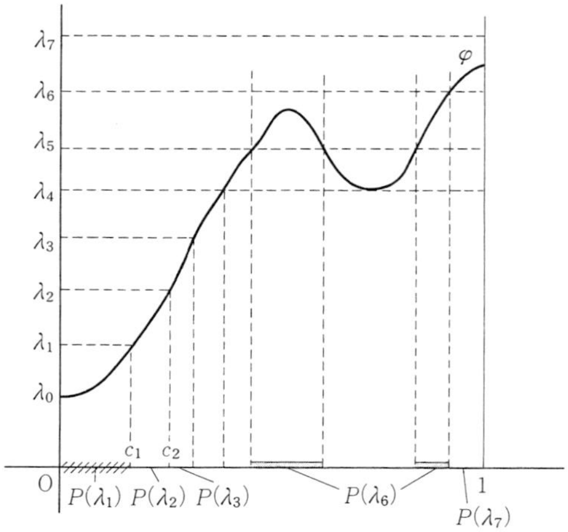

分点は $\lambda_0, \lambda_1, \cdots, \lambda_7$ である．x 座標の方は，これは多少象徴的に射影作用素で書いてある．ここでたとえば $P(\lambda_2)$ と書いてあるのは，(11)の右辺で用いた記号の意味とは少し違って $\lambda_1 \leqq \varphi(\lambda) \leqq \lambda_2$ となる λ の区間を $[c_1, c_2]$ とすると，$L^2[0,1]$ から $L^2[c_1, c_2]$ への射影作用素を示している．図で $P(\lambda_6)$ と表わされている 2 つの区間の上では，$\varphi(\lambda)$ の値は $\lambda_5 \leqq \varphi(\lambda) \leqq \lambda_6$ となっている．このような区間の分割をとって，H_φ を部分和

$$\sum_{k=1}^{7} \varphi(\lambda_k) P(\lambda_k)$$

で近似し，極限に移れば，こんどは H_φ は

$$\int \lambda dP(\lambda)$$

という形で積分表示されるだろう．これは，H_φ という特別なエルミート作用素に限ったときの，スペクトル分解定理の標準的な形となっている．

一般のヒルベルト空間におけるエルミート作用素 H に対しても，似たような意味で，必ず

$$H = \int \lambda dP(\lambda) \qquad (\lambda \text{は実数}) \tag{16}$$

と表わされるということが，スペクトル分解とよばれるものであり，これがヒルベルト空間における固有値問題の完成された定式化となったのである．

正規作用素

有限次元の複素内積空間で，固有値問題が解けるもっとも一般的な作用素のクラスは正規作用素である．ヒルベルト空間では固有値問題はスペクトル分解定理へと高められてくるが，この高みでやはり同様のことが成り立つのである．すなわちヒルベルト空間でスペクトル分解定理が成り立つもっとも一般的なクラスは正規作用素なのである．正規作用素の定義は形式的には有限次元の場合と同様で

ある．

> **定義**　ヒルベルト空間 $\mathscr{H}$ の有界作用素 N が
> $$N^*N = NN^*$$
> をみたすとき，N を**正規作用素**という．

N を正規作用素として

$$H_1 = \frac{N+N^*}{2}, \qquad H_2 = \frac{N-N^*}{2i}$$

とおいてみる．随伴作用素に対して成り立つ一般的性質 $(A^*)^* = A$，$(\alpha A)^* = \bar{\alpha}A^*$（木曜日，問題［3］参照）を使ってみると，すぐに

$$H_1{}^* = H_1, \qquad H_2{}^* = H_2$$

が成り立つことが確かめられる．すなわち H_1, H_2 はエルミート作用素である．そうして

$$N = H_1 + iH_2, \qquad H_1H_2 = H_2H_1$$

が成り立っている．

このようにして，正規作用素はエルミート作用素を複素数にまで広げたものとみることができるのである．エルミート作用素については，(16)の形のスペクトル分解ができることを使うと，正規作用素 N に対してのスペクトル分解が，こんどはスペクトルは一般には複素数となって

$$N = \int zdP(z) \qquad (z \text{ は複素数})$$

のような形で定式化されてくるのである．

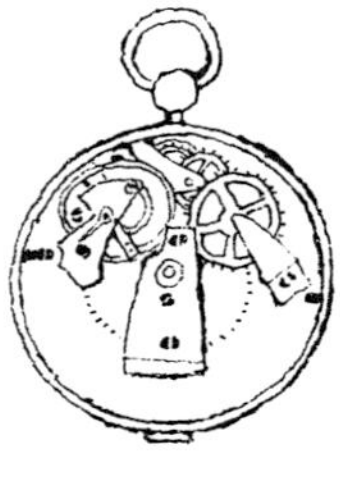

歴史の潮騒

ヒルベルトは，1906 年の無限変数の 2 次形式の研究の中で，有限次元の場合からはまったく予想されなかった新しい状況，連続スペクトルがそこに現われることがあるということを発見した．ヒルベルトはそこで実数の無限変数の 2 次形式

$$\sum_{i,j=1}^{\infty} a_{ij}x_i x_j \qquad (a_{ij}=a_{ji}) \tag{17}$$

を考察した．ここで $\sum_{i=1}^{\infty}|x_i|^2<+\infty$ である．この係数 a_{ij} $(i,j=1,2,\cdots)$ のつくる無限行列を A とし，この 2 次形式を (Ax,x) と表わすことにする．そして

$$|(Ax,x)| \leqq K\|x\|^2 \qquad (K \text{ は定数})$$

が成り立つとき，2 次形式(17)を有界な 2 次形式といった．ヒルベルトは，この無限変数の 2 次形式の固有値問題に対して次のような解答を与えたのである．

有界な 2 次形式は，適当な直交変換で変数を $\xi_1, \xi_2, \cdots$ にとりかえると

$$\lambda_1\xi_1{}^2+\lambda_2\xi_2{}^2+\cdots+\lambda_n\xi_n{}^2+\cdots+\int \lambda dE(\lambda:\xi)$$

の形に表わすことができる．ここで $E(\lambda:\xi)$ は，係数が λ を変数としてもつ ξ についての 2 次形式で，積分は変数 λ に関するスティルチェス積分とよばれるものである．

ヒルベルトは有限個の変数に対する 2 次形式の標準化の結果を，変数の数を増やし，極限移行することによりこの驚くべき新事実を見出したのである．この極限移行のプロセスは，1894 年のスティルチェスが有理関数列の極限移行の最終結果を，スティルチェス変換とよばれる積分の形で現わしていたことに触発されたものであった．ヒルベルトの定理の中で，積分の中に現われている λ は明らかに連続スペクトルである．

このヒルベルトの無限変数の 2 次形式の理論は，金曜日の“歴史の潮騒”の中でも述べたように，その誕生をフレードホルムの積分方程式の研究に負っている．そこからさらにこのようなものを抽出してきたところにヒルベルトの天才的な洞察力をすでに十分垣間見ることができるが，しかし積分方程式という解析学の鉱脈の中からこのような代数的な定式化を結晶として取り出したことは，ヒルベルト自身のひとつの数学的志向を示しているともいえるだろう．

ヒルベルトの理論は，ハンガリーの少壮数学者 F. リースによっ

てまったく新しい形に書きかえられることになった．F. リースは1913年に著わした『無限変数の線形方程式系』という本の中で，2次形式の理論を離れ，線形作用素の立場からスタートし，射影作用素を通してヒルベルト空間の離散的な直交分解から連続的な分解への道を，積分概念の導入によって明快なものとし，それによってスペクトル分解の意味を明らかにしたのである．ここに確立された観点は，その後のヒルベルト空間の理論にとってスタンダードなものとなった．

1920年代後半になって量子力学が現われてくると，その基礎理論にヒルベルト空間の非有界作用素を取り入れることが必要となり，非有界作用素に対しても，スペクトル分解定理が求められるようになってきた．この理論はフォン・ノイマンによって完成された．その論文は，1929年の Mathematische Annalen に掲載され，その後，非有界作用素の研究が急速に進むようになった．フォン・ノイマンもまたハンガリー生まれの数学者であった．

先生との対話

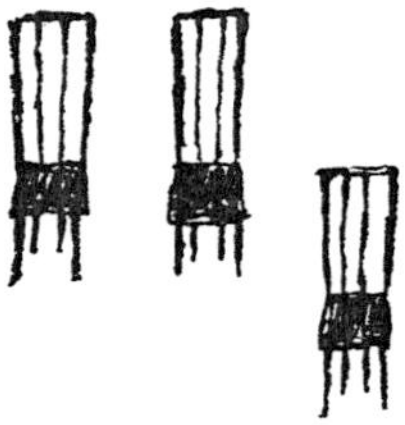

先生が

「線形性を主題として6日間お話ししてきたことも，今日でひとまず終りとなります．日曜日にはベクトル空間の双対空間について少し話してみるつもりです．皆さんがこの1週間の講義をふり返ってみて，何かわからないことや，感想などがあったら何でもいってみて下さい．」

といわれた．ある人はノートを前の方から見直しはじめたし，またある人はじっと考えながら講義の内容を思い出しているようだった．先生も皆の机の間を歩きながら何か考えておられるようだった．少し沈黙の時が流れて，それから山田君が質問に立った．

「今週の話のはじまりは，平面上のベクトルでしたが，それが抽象化され，線形性という性質が取り出され，最後にヒルベルト空間にまで到達しました．そのためか線形作用素や固有値問題の話が中心になったのでしょうが，ぼくははじめのうちは，線形微分方程式や線形計画法の話などもでてくるのかと思っていました．」

「そうですね．先生も線形性というテーマで何を話そうかと何度も考えました．それだけ線形性が現代数学の隅々にまで，広く浸透しているということなのでしょう．ここでお話ししたのは，現在“線形代数”という名のもとで取り入れられている内容を，線形性を軸として少し見直し，そこから得られた抽象性によって，有限次元のベクトル空間からヒルベルト空間へとつながっていく過程を明らかにすることでした．数学が育っていくようすがこの話の中から浮かび上ってくることを望んだのでした．しかし，線形性をまったく別の流れで捉えることができたのかもしれません．その意味では，現在のように線形代数の内容が画一的になることは，あまり好ましいことでなく，いろいろな色合いをもつ線形代数のテキストがあってもよいのだろうと思います．そうなることがきっと線形性を豊かに柔らかにしていくことになるでしょう．」

明子さんが

「線形写像の固有値の問題は，ヒルベルト空間という枠組みをおくことによって有限次元から無限次元へと進む道がよくわかるようになりましたが，線形代数でふつう述べられているようなこと，たとえば行列式の概念は，無限次元の空間にまで拡張されるのでしょうか．」

と聞いた．先生は

「よい質問ですね．皆さんはどう思いますか．」

といわれて少し間をおいてから話し出された．

「最近の数学では，行列式の概念を有限次元の場合だけではなく，もっと広いところまで使えるように一般化する試みが行なわれており，それが有効に用いられています．しかし行列式には，変数の個数を有限から無限にすればつねに発散の問題がつきまといます．そのため解析学を用いて，極限へと近づく様相を適当に制御しなくてはなりません．それはむずかしい議論を必要とします．

また，線形代数を少し立ち入って学んだ人は，ジョルダン標準形という話題もあったと思い出されるかもしれませんが，行列に対するジョルダン標準形の議論は，ヒルベルト空間にまで拡張することは困難なのです．ですから，有限次元のベクトル空間で成り立つようなことは，適当な道を選べば必ず無限次元まで拡張されるだろうと安易に考えることは適当ではありません．しかしそのような道を，たとえ細い道でも何とか探し出そうとする試みは，数学者の問題意識の中にはつねにひそんでいるのです．」

眼を伏せてじっと考え続けていたかず子さんが思いきったように質問をはじめた．

「有限次元のベクトル空間上の線形作用素の議論がどのように無限次元の空間まで運ばれていくのかということは，前から興味がありました．有限次元の場合の固有空間による分解を，射影作用素の言葉に完全におきかえて，そして積分表示へと極限移行の方向を定めて，スペクトル分解定理へと導いたことに私は本当に驚きました．前に先生がお話しになったように，固有値問題が，楕円の主軸を決定するような具体的な問題からスタートしたとするならば，ずいぶん遠くまで抽象化の波で運ばれたものだと思いました．

私がお聞きしたいのは，有限次元から無限次元へと進むとき，ヒルベルト空間だけがただ1つのゴールなのでしょうか，ということです．たとえばフーリエ級数のお話のときでも，$C^0[-\pi,\pi]$ で平均2乗収束を考えれば，完備化することによりヒルベルト空間に達するでしょうが，一様収束を考えれば，完備化してももともとの $C^0[a,b]$ で，ここにはヒルベルト空間の構造が入りそうにありません．でも，一様収束で考えたときの $C^0[a,b]$ はやはり無限次元のベクトル空間ですね．」

「これは深い内容をもった質問です．固有値問題という立場に立って線形作用素を見るとき，ヒルベルト空間の理論が整然とした，ほとんど完全に近い理論を提供してくれます．ヒルベルト空間の理論は，無限次元の中でいわば完全に閉じた理論体系を提示します．この大きな体系を最終的に構築し上げたのは1930年代のフォン・ノイマンの仕事でした．

しかし，有限次元から無限次元へ移行することによって明らかとなった，数学にとってのまったく新しい様相は，ヒルベルト空間がそこに登場してきたという驚きとは多少別の所にあったのです．それは有限次元のベクトル空間はそのタイプは本質的には1通りでしたが，無限次元の空間では，本質的に近さの性質の異なる無限に多くのベクトル空間が存在しているということです．そのような視点に立つと，ヒルベルト空間はその1つにすぎないのです．この無限次元空間の多様さを支えるのは，解析学の中にひそむ多様さと深さです．たとえば，ヒルベルト空間の理論を準備しておけば，解析学に現われる固有値問題は必ず理解できるかといえば，これもそうとはいえないのです．たとえば積分方程式におけるピカールの例

$$\int_{-\infty}^{\infty} e^{-|s-t|} e^{i\alpha t} dt = \frac{2}{1+\alpha^2} e^{i\alpha s} \qquad (\alpha \text{ は実数})$$

では，積分作用素$(K\varphi)(s)=\int_{-\infty}^{\infty} e^{|s-t|}\varphi(t)dt$は，$\dfrac{2}{1+\alpha^2}$と表わされる実数をすべて固有値としてもっていることを示しています．したがってこの積分作用素では，固有値は区間$(0, 2]$にわたって連続的に分布しており，固有値$\dfrac{2}{1+\alpha^2}$に対応する固有関数は$e^{i\alpha s}$となっています．このような現象をヒルベルト空間の理論の枠の中で捉えることはむずかしいのです．いまの場合固有関数$e^{i\alpha s}$は，$|e^{i\alpha s}|=1$ですから，ヒルベルト空間$L^2(-\infty, \infty)$の外にはみ出しています．

ヒルベルト空間という無限次元における設定から離れて，もっと自由な立場に立つと，そこにはさまざまな無限次元の空間が登場してきます．それについては，“お茶の時間”と日曜日の話題の中に少し取り上げてみるつもりです.」

問　　題

[1]　ヒルベルト空間$\mathscr{H}$の有界な線形作用素の系列$\{A_n\}$ $(n=1, 2, \cdots)$が，$\|A_m - A_n\| \to 0$ $(m, n \to \infty)$という条件をみたしているとする．このとき

(1) 各 $x\in\mathscr{H}$ に対して $\{A_nx\}$ $(n=1,2,\cdots)$ は $\mathscr{H}$ のコーシー列となることを示しなさい．

(2) $\lim_{n\to\infty} A_nx=Ax$ とおくと，A は有界な線形作用素となることを示しなさい．

[2] A をヒルベルト空間 $\mathscr{H}$ 上の有界な線形作用素で，適当な正数 K をとると

$$|(Ax,x)|\geqq K\|x\|^2$$

が成り立っているとする．

(1) $\mathrm{Im}\,A$ は $\mathscr{H}$ の閉部分空間となることを示しなさい．

(2) $\mathrm{Im}\,A$ に直交する元は0しかないことを示しなさい．

(3) $\mathrm{Im}\,A=\mathscr{H}$ を示しなさい．

(4) A は逆作用素 A^{-1} をもつことを示しなさい．すなわち $A^{-1}A=AA^{-1}=I$(恒等作用素)をみたす線形作用素 A^{-1} が存在することを示しなさい．

(5) $\|A^{-1}\|\leqq\dfrac{1}{K}$ を示しなさい．

お茶の時間

質問　バナッハ空間という名前の空間があることを聞いたことがありますが，それはヒルベルト空間のようなものなのですか，それとも全然違うものですか．

答　現代数学では空間(space)という言葉を，集合という言葉と同じように，よく使うようになった．非ユークリッド空間とか，テンソル空間とか，位相空間とか，さまざまな場所に，空間という言葉が登場している．そのような観点に立てば，言葉の使い方だけからいえば，バナッハ空間はヒルベルト空間に近いものであるといえる．しかし2つの空間を見くらべれば，そのよって立つ場所はまったく異なっているといってよいのである．

バナッハ空間の内容とか，バナッハ空間のもつ意味をここで簡単に述べることはできないが，それでも例を用いながら少し話してみよう．

第3週の水曜日に詳しく述べたように，区間 $[a,b]$ 上で定義された連続関数の空間 $C^0[a,b]$ は，一様収束による近さで考えたとき完備な空間となる．ここにはノルムが $\|f\|=\underset{a\leqq t\leqq b}{\mathrm{Max}}|f(t)|$ によって導入されていた．しかしベクトル空間として考えた $C^0[a,b]$ には，これとは別に $\|f\|_1=\int_a^b|f(t)|dt$ というノルムや，$\|f\|_2=\left(\int_a^b|f(t)|^2dt\right)^{\frac{1}{2}}$ というノルムも導入することができた．こんどはこのノルムでは $C^0[a,b]$ は完備にはならないが，“完備化”することにより，完備なノルム空間 $L^1[a,b]$, $L^2[a,b]$ が得られた(第3週，土曜日参照)．このように $C^0[a,b]$ という空間1つをとってみても，そこにはいろいろな近さ——収束の仕方——を考えることが可能である．その近さがノルムで表わされているときには，完備化することによって，異なる近さは，異なる完備なノルム空間を生むということになるのである．

一般に，このようなノルムの入った完備空間を**バナッハ空間**というのである．したがって $C^0[a,b]$ も，$L^1[a,b]$ も $L^2[a,b]$ もバナッハ空間となる．また第3週，水曜日を参照してみると，自然数 k に対し，C^k-級の関数全体 $C^k[a,b]$ も，そこで述べたノルムで，バナッハ空間となっていることがわかる．

バナッハ空間は，解析学の中に深く隠されているさまざまな“近さ”の性質を，その近さによって完備化した空間の中で，いわば1つの総合的な体系として捉え，解析学に現われる微分作用素や積分作用素を，このそれぞれ異なる近さをもつ空間から照らし出されるライトによって見ることにより，その本質を探ろうという意図で創造された理論である．この理論の創始者であるバナッハは，1920年代から30年代にかけて活躍したポーランドの大数学者である．

ヒルベルト空間は，ヒルベルトが無限変数の2次形式論から発見したように，その根幹には代数的なものをかかえた総合的な体系の姿を示しているが，バナッハ空間はそれとは対照的に解析学の世界の中にあって，つねに動的で自由な働きを示す視点を与え続けている．

日曜日

双 対 性

双 対 性

双対という言葉は，はじめて聞かれる人も多いかもしれない．数学で使う双対という言葉は，英語の dual という形容詞を訳したものとなっている．dual personality とは 2 重人格のことだから，日本語の語感からいえば，dual は 1 つのものの表と裏の相互関係を示唆するようなときに使われるのだろう．

数学では，2 つの対象が表裏の関係にあるようなことを，この 2 つの対象は双対性をもつという．この双対性ということが最初にはっきりと認識されたのは，射影幾何学においてであった．ユークリッド幾何学では，平面上の平行な 2 直線は特別な意味をもつが，射影幾何学では 2 直線の相互関係はすべて同じであって，“相異なる 2 直線はただ 1 点で交わる”のである．そのために，射影幾何では，平面に無限遠直線をつけ加えて，平行な 2 直線は無限遠直線上のただ 1 点で交わるとするのである．そうすると，“相異なる 2 直線は 1 点で交わる”ということと，“相異なる 2 点は 1 直線を決める”ということが点と直線との間に成り立つある双対性を暗示していると感じられてくるだろう．実際，射影幾何の立場では，点と直線は互いに表裏の関係にある．

このことをもう少しはっきりいうと次のようになる．射影幾何では平面上の点は連比 $(a_1 : a_2 : a_3)$ で表わされる（ただし $a_1=a_2=a_3=0$ は考えない）．だから $(a_1 : a_2 : a_3)=(b_1 : b_2 : b_3)$ となるのは，ある数 $\lambda\ (\neq 0)$ があって $a_1=\lambda b_1$，$a_2=\lambda b_2$，$a_3=\lambda b_3$ となるときである．$a_3 \neq 0$ のときは，対応 $(a_1 : a_2 : a_3) \to \left(\dfrac{a_1}{a_3}, \dfrac{a_2}{a_3}\right)$ により，点 $(a_1 : a_2 : a_3)$ はふつうの座標平面上の点に移されていると考える．$a_3=0$ のときは，$(a_1 : a_2 : 0)$ は無限遠直線上にあるという．射影幾何を考える場合，ふつうの座標平面にこの無限遠直線上の点が新たにつけ加えられた点となる．このように定義された平面を**射影平面**という．

射影平面上での直線の式は，直線上の点を $(x_1 : x_2 : x_3)$ とする

と，適当な(全部が0ということはない)実数 a_1, a_2, a_3 によって

$$x_1a_1+x_2a_2+x_3a_3 = 0 \qquad (1)$$

と表わされる．2直線 $x_1a_1+x_2a_2+x_3a_3=0$，$x_1b_1+x_2b_2+x_3b_3=0$ が一致する条件は $a_1:a_2:a_3=b_1:b_2:b_3$ が成り立つことである．したがって直線もまた連比 $(a_1:a_2:a_3)$ で表わされることになる．したがってたとえば

$$c_1a_1+c_2a_2+c_3a_3 = 0 \qquad (1')$$

という式は，点 $(c_1:c_2:c_3)$ が直線 $(a_1:a_2:a_3)$ の上に乗っていると表示していると同時に，直線 $(c_1:c_2:c_3)$ の上に点 $(a_1:a_2:a_3)$ が乗っていることも示している．

射影幾何ではこのように，連比 $(a_1:a_2:a_3)$ の1つの幾何学的像が点であり，他の幾何学的像は直線であり，この2つのものの双対的な基本関係は，点と直線に関してまったく対称的な関係式(1′)で結ばれている．この意味で，射影幾何では，点と直線とは双対的な概念なのである．

有限次元のベクトル空間における双対性

このような射影幾何学における双対性は1830年代初頭において，プリュッカーによって確立したものである．しかし，“双対性”という考えは実は数学の根幹に横たわっていて，それは数学の概念を本質的に豊かなものにするものであるという認識に達したのは1930年代になってからのことである．数学者の間に広くこのような認識が行きわたり，それを積極的に活用しようと考えはじめた契機としては，たぶんポントルヤーギンによる局所コンパクトなアーベル群に対する双対定理の発見と，バナッハによるバナッハ空間の共役空間の概念の導入があったのだろう．

ここではベクトル空間の理論の中で，双対性という考えがどのような形をとって現われたかを少し話してみよう．

有限次元の場合からスタートすることにして，まず $\boldsymbol{V}$ を n 次元の実ベクトル空間とする．私たちは $\boldsymbol{V}$ からスカラー $\boldsymbol{R}$ への線形写

像を考えることにし，その全体を $\boldsymbol{V}^*$ とする．したがって $\varphi\in\boldsymbol{V}^*$ とは，各 $\boldsymbol{x}\in\boldsymbol{V}$ に対し実数 $\varphi(\boldsymbol{x})$ が決まり，対応 $\boldsymbol{x}\to\varphi(\boldsymbol{x})$ が線形となっているということである．このとき明らかに

$$\varphi,\psi\in\boldsymbol{V}^* \quad \text{ならば} \quad \alpha\varphi+\beta\psi\in\boldsymbol{V}^* \qquad (\alpha,\beta\in\boldsymbol{R})$$

が成り立っている．ここで $\alpha\varphi+\beta\psi$ と書いたのは，$(\alpha\varphi+\beta\psi)(\boldsymbol{x})=\alpha\varphi(\boldsymbol{x})+\beta\psi(\boldsymbol{x})$ として定義される $\boldsymbol{R}$ への線形写像のことである．このことは $\boldsymbol{V}^*$ もまた $\boldsymbol{R}$ 上のベクトル空間となることを示している．$\boldsymbol{V}^*$ を $\boldsymbol{V}$ の**双対空間**という．

いま $\boldsymbol{V}$ の基底 $\{\boldsymbol{e}_1,\boldsymbol{e}_2,\cdots,\boldsymbol{e}_n\}$ をとってみよう．このとき $\boldsymbol{x}\in\boldsymbol{V}$ を $\boldsymbol{x}=x_1\boldsymbol{e}_1+x_2\boldsymbol{e}_2+\cdots+x_n\boldsymbol{e}_n$ と表わすと

$$\varphi(\boldsymbol{x}) = x_1\varphi(\boldsymbol{e}_1)+x_2\varphi(\boldsymbol{e}_2)+\cdots+x_n\varphi(\boldsymbol{e}_n)$$

となるから

$$\varphi(\boldsymbol{e}_1)=a_1,\ \varphi(\boldsymbol{e}_2)=a_2,\ \cdots,\ \varphi(\boldsymbol{e}_n)=a_n \tag{2}$$

とおくと

$$\varphi(\boldsymbol{x}) = x_1a_1+x_2a_2+\cdots+x_na_n \tag{3}$$

となる．この右辺の式の形は，射影平面上で点と直線との関係を表わす式(1)と同じ形になっている．このことから，$\boldsymbol{V}$ と $\boldsymbol{V}^*$ の間にある双対性が成り立つことが察せられるだろう．

このことをもう少し定式化して述べてみることにしよう．(2)と(3)は，$\boldsymbol{V}^*$ の元 φ は，基底 $\boldsymbol{e}_1,\boldsymbol{e}_2,\cdots,\boldsymbol{e}_n$ の上でとる値で完全に決まることを示している．したがって(2)によって，φ は

$$\varphi = (a_1,a_2,\cdots,a_n) \tag{4}$$

と座標表示することができるだろう．(3)はこの座標によって，$\varphi(\boldsymbol{x})$ の働き方を表わす式となっている．もっとも，“座標”といった以上，この座標軸上の単位ベクトル

$$(1,0,\cdots,0),\ (0,1,0,\cdots,0),\ \cdots,\ (0,0,\cdots,0,1)$$

に対応する $\boldsymbol{V}^*$ の基底を求めておく必要がある．それは(3)からすぐにわかる．たとえば $(1,0,\cdots,0)$ と表わされる $\boldsymbol{V}^*$ の元を $\hat{\boldsymbol{e}}_1$ とすると，(3)から

$$\hat{\boldsymbol{e}}_1(\boldsymbol{x}) = x_1\cdot1+x_2\cdot0+\cdots+x_n\cdot0 = x_1$$

である．あるいは $\boldsymbol{V}$ の基底でとる値だけに注目して，ここで $\boldsymbol{x}$ に

$\boldsymbol{e}_j\,(j=1,2,\cdots,\boldsymbol{n})$ を代入してみると

$$\hat{\boldsymbol{e}}_1(\boldsymbol{e}_j) = \begin{cases} 1 & j=1 \\ 0 & j\neq 1 \end{cases}$$

が成り立つといってもよい．同じようにして，$(\overbrace{0,\cdots 0,1}^{i},0,\cdots,0)$に対応する $\boldsymbol{V}^*$ の元を $\hat{\boldsymbol{e}}_i$ とおくと，$\hat{\boldsymbol{e}}_i$ は

$$\hat{\boldsymbol{e}}_i(\boldsymbol{e}_j) = \begin{cases} 1 & j=i \\ 0 & j\neq i \end{cases}$$

として与えられる．

したがって(4)の座標表現をもとにもどして $\boldsymbol{V}^*$ の元としていい表わせば，$\boldsymbol{V}^*$ の元 φ はただ1通りに

$$\varphi = a_1\hat{\boldsymbol{e}}_1+a_2\hat{\boldsymbol{e}}_2+\cdots+a_n\hat{\boldsymbol{e}}_n$$

と表わされることがわかった．$\{\hat{\boldsymbol{e}}_1,\hat{\boldsymbol{e}}_2,\cdots,\hat{\boldsymbol{e}}_n\}$ は $\boldsymbol{V}^*$ の基底となっている．これを $\boldsymbol{V}$ の基底 $\{\boldsymbol{e}_1,\boldsymbol{e}_2,\cdots,\boldsymbol{e}_n\}$ の**双対基底**という．

このように，双対基底によって $\boldsymbol{V}^*$ の元がはっきりと捉えられるようになってくると，φ のかわりに

$$\hat{\boldsymbol{x}} = \sum_{i=1}^{n} a_i\hat{\boldsymbol{e}}_i$$

と書いて，(3)を

$$\langle \boldsymbol{x},\hat{\boldsymbol{x}}\rangle = \sum_{i=1}^{n} x_i a_i \qquad (5)$$

と表わした方がずっと見やすいだろう．もっともこの表わし方は，単に見やすいというだけではなく，$\boldsymbol{V}$ と $\boldsymbol{V}^*$ の双対的な関係をはっきりと表わしている．すなわち $\hat{\boldsymbol{x}}$ が $\boldsymbol{V}^*$ の元であるということ，すなわち $\boldsymbol{V}$ から $\boldsymbol{R}$ への線形写像であるということは，この表わし方では

$$\langle \alpha\boldsymbol{x}+\beta\boldsymbol{x}',\hat{\boldsymbol{x}}\rangle = \alpha\langle \boldsymbol{x},\hat{\boldsymbol{x}}\rangle+\beta\langle \boldsymbol{x}',\hat{\boldsymbol{x}}\rangle$$

となるが，一方(5)の右辺の形から

$$\langle \boldsymbol{x},\alpha\hat{\boldsymbol{x}}+\beta\hat{\boldsymbol{x}}'\rangle = \alpha\langle \boldsymbol{x},\hat{\boldsymbol{x}}\rangle+\beta\langle \boldsymbol{x},\hat{\boldsymbol{x}}'\rangle$$

が成り立つことも明らかである．この式は，$\boldsymbol{V}$ の元 $\boldsymbol{x}$ が $\boldsymbol{V}^*$ から $\boldsymbol{R}$ への線形写像を与えているということを示している．

$\boldsymbol{V}$ の次元も，$\boldsymbol{V}^*$ の次元もともに n 次元だから，これから $\boldsymbol{V}^*$ か

ら $\boldsymbol{R}$ への線形写像全体のつくるベクトル空間 $(\boldsymbol{V}^*)^*$ は $\boldsymbol{V}$ と同型であることがわかる．さらに関係

$$\langle \boldsymbol{e}_i, \hat{\boldsymbol{e}}_j \rangle = \begin{cases} 1 & i=j \\ 0 & i \neq j \end{cases}$$

は，$\boldsymbol{V}$ と $\boldsymbol{V}^*$ の基底の間には相互関係

$$\{\boldsymbol{e}_1, \boldsymbol{e}_2, \cdots, \boldsymbol{e}_n\} \underset{\text{双対基底}}{\overset{\text{双対基底}}{\rightleftarrows}} \{\hat{\boldsymbol{e}}_1, \hat{\boldsymbol{e}}_2, \cdots, \hat{\boldsymbol{e}}_n\}$$

が成り立っていることを示している．

すなわち，$\boldsymbol{V}$ から見れば，$\boldsymbol{V}^*$ は $\boldsymbol{V}$ から $\boldsymbol{R}$ への線形写像の空間であるが，$\boldsymbol{V}^*$ から見れば同じことが $\boldsymbol{V}$ に対してもいえるのである．$\boldsymbol{V}$ と $\boldsymbol{V}^*$ は，どちらが表でどちらが裏ともいえない完全に双対的な関係となっている．$\boldsymbol{V}$ と $\boldsymbol{V}^*$ は互いに他の双対空間なのである．これを有限次元のベクトル空間に対する双対性という．

ヒルベルト空間における双対性

ヒルベルト空間 $\mathcal{H}$ に対してもこのような双対性は成り立つ．こんどは $\mathcal{H}$ 上で定義された $\boldsymbol{C}$ 上への連続な線形写像全体のつくる空間 $\mathcal{H}^*$ を考えることにする．土曜日，146 頁を参照すると，$\mathcal{H}^*$ は $\mathcal{H}$ 上の線形汎関数全体のつくる空間といってもよい．$\mathcal{H}^*$ はもちろん $\boldsymbol{C}$ 上のベクトル空間の構造をもっている．

土曜日のリースの定理によって，$\varphi \in \mathcal{H}^*$ は，必ず $\mathcal{H}$ のただ1つの元 y_0 によって

$$\varphi(x) = (x, y_0) \tag{6}$$

と表わすことができる．逆に $\mathcal{H}$ の元 z_0 を1つ勝手にとって

$$\psi(x) = (x, z_0)$$

とおくと，$\psi \in \mathcal{H}^*$ となる．このことは(6)による対応

$$\varphi \longleftrightarrow y_0$$

によって，$\mathcal{H}^*$ の元は，$\mathcal{H}$ の元と同一視できることを示している．この意味で，$\mathcal{H}$ と $\mathcal{H}^*$ の間には双対的な関係が成り立つのである．

すなわち内積 (x, y) において，x を変数と考えるときには $y\in\mathscr{H}^*$ とみることができ，また y を変数と考えたときには $x\in(\mathscr{H}^*)^*=\mathscr{H}$ とみることができるのである．この明らかな関係によって，$\mathscr{H}$ と $\mathscr{H}^*$ はしっかりと結ばれている．これが実はリースの定理の意味するものであった．たとえば $\mathscr{H}$ が具体的なヒルベルト空間 $L^2[a, b]$ として与えられたとしても，$\mathscr{H}^*$ はその上の汎関数のつくる空間として考える限りではまったく抽象的なものとなっている．それがやはり具体的な $L^2[a, b]$ に，内積を通して実現されているというところに，リースの定理の中にひそむ“すごさ”があるといってもよいのである．

なお，内積の性質から，(6)を通しての $\mathscr{H}^*$ と $\mathscr{H}$ との対応で1つだけ注意しなければならないことがある．それは $\varphi\leftrightarrow y_0$，$\psi\leftrightarrow z_0$ とすると

$$(\alpha\varphi+\beta\psi)(x) = \alpha\varphi(x)+\beta\psi(x) = \alpha(x, y_0)+\beta(x, z_0)$$
$$= (x, \bar{\alpha}y_0+\bar{\beta}z_0)$$

により，ベクトル空間としては

$$\alpha\varphi+\beta\psi \longleftrightarrow \bar{\alpha}\varphi+\bar{\beta}\psi$$

という対応になっているということである．

バナッハ空間の場合

ヒルベルト空間 $L^2[a, b]$ では，このようにしてその上の線形汎関数 φ は，適当な $g\in L^2[a, b]$ によって

$$\varphi(f) = \int_a^b f(x)\overline{g(x)}dx$$

と表わされることがわかった．しかし関数の空間に別のノルムを導入すると，そこには別の景色が展開してくる．それは土曜日“お茶の時間”に述べたバナッハ空間の上に広がる景色である．そのことを少し話しておこう．

いま1より大きい実数 p をとる．区間 $[a, b]$ 上で定義された連続関数 f に対し，L^p-ノルムとよばれるノルムを

$$\|f\|_p = \left(\int_a^b |f(x)|^p dx\right)^{\frac{1}{p}}$$

で導入することにしよう(これが実際ノルムの性質をみたすことを確かめるのは，少し手間がかかる)．このノルムで，区間 $[a, b]$ 上で定義された連続関数の空間 $C^0[a, b]$ を完備化して得られる空間を

$$L^p[a, b]$$

とおく．土曜日“お茶の時間”で述べた用語を使えば，$L^p[a, b]$ はバナッハ空間になっている．$L^p[a, b]$ 上で定義された線形汎関数 φ は，こんどは次のように表わされる：

φ に対して，ある $g \in L^q[a, b]$ がただ1つ決まって

$$\varphi(f) = \int_a^b f(x)\overline{g(x)}dx$$

となる．ここで q は

$$\frac{1}{p} + \frac{1}{q} = 1$$

をみたす実数である．

この対応で実は

$$L^p[a, b] \underset{\text{線形汎関数}}{\overset{\text{線形汎関数}}{\rightleftarrows}} L^q[a, b]$$

が成り立つのである．連続関数 $C^0[a, b]$ は，L^p-ノルムと L^q-ノルムという別々の近さを導入して完備化すると，分岐して2つのバナッハ空間 $L^p[a, b]$，$L^q[a, b]$ を生むが，それらは互いに他の線形汎関数の空間になっているという親密な関係で結ばれるのである．この関係によって $L^p[a, b]$ のもつ性質と，$L^q[a, b]$ のもつ性質は，互いに他を映し合っているとみることができるのである．

なお，$p=2$ のときは $q=2$ であり，それはリースの定理で述べたことになっている．また $L^1[a, b]$ のときは，このような双対性は，ある意味で成り立たなくなってくる．バナッハ空間におけるこのような研究によって，$C^0[a, b]$ の中に導入されるさまざまな近さと，

それに対応して得られる解析学の相関が，完備化して得られるバナッハ空間の微妙な違いの中にしだいに明らかとなっていった．またそのような研究方向は非線形問題にも適用され，どこまでも深まっていったのである．それは有限次元のベクトル空間で行なってきた代数的理論からだけでは察しられない，遠い道のりの先にあったのである．

超関数

ヒルベルト空間からバナッハ空間に移ることによって示された新しい景色とは，線形汎関数の空間を考えることによって，一般にはもとの空間とは別の新しい空間が生まれてきて，この2つの空間が互いに他を映し合うという働きをすることによって，相互の性質と関連を明らかにするということであった．

1930年以降，数学はこの観点を深める方向に進んでいったが，1950年になってこの方向に沿っての1つの大きな成果が得られた．それはフランスの数学者シュワルツによる“超関数”という概念の導入であった(“超関数”はdistributionの訳である)．シュワルツの創意は，連続関数のつくる空間からC^∞-関数の空間へと視線を転じて，そこに線形汎関数の概念を投入してみることであった．投入した結果生じた波紋は，20世紀後半の数学上に大きく広がっていったのである．

シュワルツは数直線上で定義されたC^∞-級の実数値関数$\varphi(x)$で，とくにある正数Kをとると

$$|x|>K \quad ならば \quad \varphi(x)=0 \qquad (7)$$

をみたすものに注目した．このような関数は，**台がコンパクトなC^∞-関数**というが，その全体はもちろん$\boldsymbol{R}$上のベクトル空間をつくる．シュワルツはこの空間に次のような“近さ”の概念を導入して，そのようにして得られた空間を$\mathscr{D}$とおいた．

$\varphi_n \to \varphi\ (n\to\infty)$とは次の2つのことが成り立つことである．

(i) ある正数$\tilde{K}$が存在して

$$|x|>\tilde{K}\quad \text{ならば}\quad \varphi_n(x)=0\ (n=1,2,\cdots),\ \varphi(x)=0$$

となる．

（ii） すべての k $(=0,1,2,\cdots)$ に対して，k 階の導関数の系列 $\varphi_n{}^{(k)}(x)$ $(n=1,2,\cdots)$ は $\varphi^{(k)}(x)$ に一様に収束する．

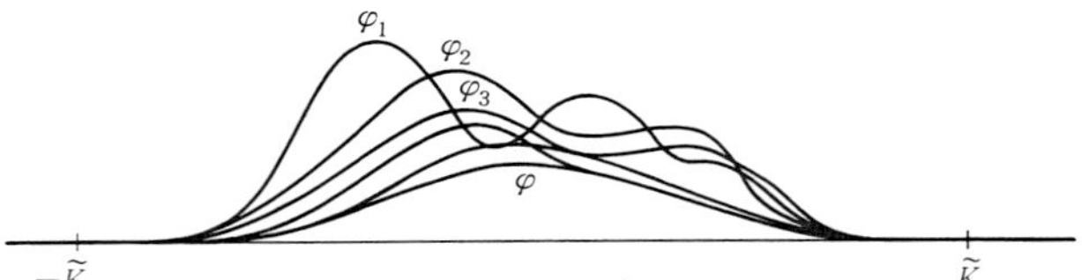

$\varphi_n \to \varphi$ のようす

この近づくようすは，ノルムを用いてはうまくいい表わすことができない．ノルムの立場からは(i)と(ii)の条件が整合してくれないのである．したがってこのような“近さ”の概念を導入したベクトル空間 $\mathscr{D}$ は，ヒルベルト空間やバナッハ空間の枠外にあり，そこに新しい理論が展開する可能性を蔵していたのである．

シュワルツは，この空間 $\mathscr{D}$ 上の線形汎関数 T を**超関数**とよんだ．すなわち超関数 T とは

（i） $T(\alpha\varphi+\beta\psi)=\alpha T(\varphi)+\beta T(\psi)$

（ii） $\varphi_n \to \varphi$ （$\mathscr{D}$ の中で） ならば $T(\varphi_n)\to T(\varphi)$

をみたすものである．

数直線上で定義された勝手な連続関数 f をとって

$$T_f(\varphi)=\int_{-\infty}^{\infty} f(x)\varphi(x)dx \qquad (\varphi\in\mathscr{D}) \tag{8}$$

とおくと，φ は“台がコンパクト”だから，この積分はつねに有限な値となり，$\mathscr{D}$ 上の1つの線形汎関数を定義する．連続関数 f のかわりに，この超関数 T_f を考えることにすると，連続関数は1つの超関数であるという見方もできる．

しかしここで1つ注意することは，連続関数 $f(x)$ と有限個の点では違う値をとる関数——一般には零集合上では違う値をとる関数 $g(x)$——をとっても，

$$T_f=T_g$$

となることである．それは，f をとっても g をとっても，(8)の右

辺の積分の値は変わらないからである．すなわち連続関数fを，超関数T_fであるとみる見方に移行することは，第3週の述べ方では，連続関数を積分的世界の中に取りこんで見る見方へと変えたことを意味している．

超関数の別の例としては関数$\varphi(x)\in\mathscr{D}$に対して，$x=0$の値$\varphi(0)$を対応させるものもある．これは有名なディラック関数δとよばれているものである：

$$\delta(\varphi)=\varphi(0)$$

シュワルツの超関数がもたらした革命的ともいえる新しさは，実は超関数に対してまで微分の概念を拡張することにより，ニュートン，ライプニッツ以来の微分を，積分的世界の中に取りこむことに成功した点にある．微分は超関数を通してはるかに包括的な世界で働くことができるようになったのである．

これに対するシュワルツの考えは次のようであった．

いまfをC^1-級の関数とする．このとき部分積分の公式を使うと，$\varphi\in\mathscr{D}$に対して

$$\int_{-\infty}^{\infty}f'(x)\varphi(x)dx=f(x)\varphi(x)\Big|_{-\infty}^{\infty}-\int_{-\infty}^{\infty}f(x)\varphi'(x)dx$$

が成り立つが，(7)により$f(x)\varphi(x)\Big|_{-\infty}^{\infty}=0$となるから結局

$$\int_{-\infty}^{\infty}f'(x)\varphi(x)dx=-\int_{-\infty}^{\infty}f(x)\varphi'(x)dx$$

となる．この式を(8)のように超関数の表わし方で書くと

$$T_{f'}(\varphi)=-T_f(\varphi')$$

となる．

この式は，fの微分f'は，超関数の見方では

$$\varphi\longrightarrow -T_f(\varphi')$$

という対応から定義される$\mathscr{D}$上の線形汎関数として捉えられることを示している．

この関係に注目して，シュワルツは，一般に超関数Tの微分DTを

$$DT(\varphi)=-T(\varphi')$$

で定義したのである．

たとえば δ 関数の微分は

$$D\delta(\varphi) = -\delta(\varphi') = \varphi'(0)$$

と定義される．したがって $D\delta$ は，$\varphi \in \mathcal{D}$ に対し φ の $x=0$ における導関数の値を対応させる線形汎関数である．また

$$H(\varphi) = \int_0^\infty \varphi(x)dx$$

によって定義される超関数の微分は

$$DH(\varphi) = -H(\varphi') = -\int_0^\infty \varphi'(x)dx = \varphi(0)$$

により，$DH=\delta$ となる．

超関数の概念の中には，連続関数や，さらに一般に L^1-関数もすべて含まれている．実際，L^1-関数 f に対しても(8)によって超関数 T_f が自然に対応している．このような関数に対しても微分の概念が適用できるようになったことにより，20 世紀後半の解析学は実に豊かなものとなった．それは何度も繰り返して述べてきたように，積分的世界のもつ包容力と，微積分の演算の中にひそむ線形性が見事に融合した結果であるといってよい．そしてこのような総合的な視点が，20 世紀後半の数学の大きな潮流となったのである．

問題の解答

月曜日

［1］ $\alpha \neq 0$, $\boldsymbol{x} \neq \boldsymbol{0}$ とする．$\dfrac{1}{\alpha}(\alpha \boldsymbol{x}) = \left(\dfrac{1}{\alpha}\alpha\right)\boldsymbol{x} = 1\boldsymbol{x} = \boldsymbol{x} \neq \boldsymbol{0}$ したがって $\alpha \boldsymbol{x} \neq \boldsymbol{0}$ である．

［2］(1) 移項して

$$(\alpha_1 - \beta_1)\boldsymbol{x}_1 + (\alpha_2 - \beta_2)\boldsymbol{x}_2 + \cdots + (\alpha_k - \beta_k)\boldsymbol{x}_k = \boldsymbol{0}$$

$\boldsymbol{x}_1, \boldsymbol{x}_2, \cdots, \boldsymbol{x}_k$ は1次独立だから，これから $\alpha_1 = \beta_1, \alpha_2 = \beta_2, \cdots, \alpha_k = \beta_k$ が得られる．

(2) $\alpha_1 \boldsymbol{y}_1 + \alpha_2 \boldsymbol{y}_2 + \cdots + \alpha_k \boldsymbol{y}_k = \boldsymbol{0}$ という関係が成り立ったとする．このとき

$$\begin{aligned}
&\alpha_1 \boldsymbol{x}_1 + \alpha_2(\boldsymbol{x}_1 + \boldsymbol{x}_2) + \cdots + \alpha_k(\boldsymbol{x}_1 + \boldsymbol{x}_2 + \cdots + \boldsymbol{x}_k) \\
&\quad = (\alpha_1 + \alpha_2 + \cdots + \alpha_k)\boldsymbol{x}_1 + (\alpha_2 + \alpha_3 + \cdots + \alpha_k)\boldsymbol{x}_2 + \cdots + \alpha_k \boldsymbol{x}_k \\
&\quad = \boldsymbol{0}
\end{aligned}$$

これから順次 $\alpha_k = 0, \alpha_{k-1} = 0, \cdots, \alpha_2 = 0, \alpha_1 = 0$ が得られる．したがって $\boldsymbol{y}_1, \boldsymbol{y}_2, \cdots, \boldsymbol{y}_k$ は1次独立である．

［3］(1) 1次従属　(2) どちらともいえない　(3) 1次独立

火曜日

［1］ $\boldsymbol{\Phi}(a + bx) = (a + b, a - b)$ に対し，$\boldsymbol{R}^2$ から $P_1(\boldsymbol{R})$ への線形写像 $\boldsymbol{\Psi}$ を $\boldsymbol{\Psi}(a_1, a_2) = \dfrac{a_1 + a_2}{2} + \dfrac{a_1 - a_2}{2}x$ と定義すると，$\boldsymbol{\Psi} \circ \boldsymbol{\Phi}(a + bx) = a + bx$, $\boldsymbol{\Phi} \circ \boldsymbol{\Psi}(a_1, a_2) = (a_1, a_2)$ となるから，$\boldsymbol{\Psi}$ は $\boldsymbol{\Phi}$ の逆写像を与えている．したがって $\boldsymbol{\Phi}$ は同型写像である．

［2］ T の階数は3，$\mathrm{Im}\, T = \{(x_1, x_2, 0, x_4) \mid x_1, x_2, x_4 \in \boldsymbol{R}\}$, $\mathrm{Ker}\, T = \{a_1 x + a_3 x^3 \mid a_1, a_3 \in \boldsymbol{R}\}$.

［3］(1) $\boldsymbol{U}$ の基底を $\boldsymbol{e}_1, \boldsymbol{e}_2, \cdots, \boldsymbol{e}_s$，$\boldsymbol{W}$ の基底を $\boldsymbol{f}_1, \boldsymbol{f}_2, \cdots, \boldsymbol{f}_t$ とすると

$$\begin{aligned}
(\boldsymbol{u}, \boldsymbol{v}) &= \left(\sum_{i=1}^{s} a_i \boldsymbol{e}_i, \sum_{j=1}^{t} b_j \boldsymbol{f}_j\right) = \left(\sum_{i=1}^{s} a_i \boldsymbol{e}_i, \boldsymbol{0}\right) + \left(\boldsymbol{0}, \sum_{j=1}^{t} b_j \boldsymbol{f}_j\right) \\
&= \sum_{i=1}^{s} a_i (\boldsymbol{e}_i, \boldsymbol{0}) + \sum_{j=1}^{t} b_j (\boldsymbol{0}, \boldsymbol{f}_j)
\end{aligned}$$

により，$(\boldsymbol{e}_i, \boldsymbol{0}), (\boldsymbol{0}, \boldsymbol{f}_j)$ $(i = 1, 2, \cdots, s\,;\, j = 1, 2, \cdots, t)$ が $\boldsymbol{U} \times \boldsymbol{W}$ の基底となっていることがわかる．したがって $\dim(\boldsymbol{U} \times \boldsymbol{W}) = s + t$.

（2） $\boldsymbol{u}, \boldsymbol{u}' \in U$，$\boldsymbol{w}, \boldsymbol{w}' \in \boldsymbol{W}$ とすると

$$(\boldsymbol{u}+\boldsymbol{w})+(\boldsymbol{u}'+\boldsymbol{w}') = (\boldsymbol{u}+\boldsymbol{u}')+(\boldsymbol{w}+\boldsymbol{w}') \in \boldsymbol{U}+\boldsymbol{W}$$

$$\alpha(\boldsymbol{u}+\boldsymbol{w}) = \alpha\boldsymbol{u}+\alpha\boldsymbol{w} \in \boldsymbol{U}+\boldsymbol{W}$$

から $\boldsymbol{U}+\boldsymbol{W}$ は部分空間となる．

（3） $\mathrm{Ker}\, T = \{(\boldsymbol{u}, \boldsymbol{v}) \mid \boldsymbol{u}+\boldsymbol{w}=0\}$．$\boldsymbol{u}+\boldsymbol{w}=0$ は $\boldsymbol{u}=-\boldsymbol{w} \in \boldsymbol{U} \cap \boldsymbol{W}$ である．したがって $\mathrm{Ker}\, T$ は，$\boldsymbol{U} \cap \boldsymbol{V}$ の元 $\boldsymbol{z}$ で $(\boldsymbol{z}, -\boldsymbol{z})$ と表わされるもの全体からなる．

（4） $\boldsymbol{U} \cap \boldsymbol{W}$ が部分空間となることは，$\boldsymbol{z}, \boldsymbol{z}' \in \boldsymbol{U} \cap \boldsymbol{W}$ とすると，$\boldsymbol{z}, \boldsymbol{z}' \in \boldsymbol{U}$ で同時に $\in \boldsymbol{W}$ だから，$\boldsymbol{z}+\boldsymbol{z}' \in \boldsymbol{U}$，$\boldsymbol{z}+\boldsymbol{z}' \in \boldsymbol{W}$ となり $\boldsymbol{z}+\boldsymbol{z}' \in \boldsymbol{U} \cap \boldsymbol{W}$．同様に $\alpha\boldsymbol{z} \in \boldsymbol{U} \cap \boldsymbol{W}$．

線形写像の基本定理から，$\dim \mathrm{Ker}\, T + \dim \mathrm{Im}\, T = \dim(\boldsymbol{U} \times \boldsymbol{W})$ が成り立つから，いまの場合この関係は

$$\dim(\boldsymbol{U} \cap \boldsymbol{V}) + \dim(\boldsymbol{U}+\boldsymbol{V}) = \dim \boldsymbol{U} + \dim \boldsymbol{V}$$

となる．

水曜日

［1］ $\boldsymbol{x}_1, \boldsymbol{x}_2, \cdots, \boldsymbol{x}_{n+1}$ のどれも $\boldsymbol{0}$ でなかったとする．このとき

$$a_1\boldsymbol{x}_1 + a_2\boldsymbol{x}_2 + \cdots + a_{n+1}\boldsymbol{x}_{n+1} = \boldsymbol{0}$$

という関係があれば，$\boldsymbol{x}_i$ と内積をとることにより，仮定から $a_i(\boldsymbol{x}_i, \boldsymbol{x}_i)=0$ となり，$a_i=0$ が導かれる．したがって $\{\boldsymbol{x}_1, \boldsymbol{x}_2, \cdots, \boldsymbol{x}_{n+1}\}$ は1次独立となり，n 次元に反する．

［2］（1） $\overrightarrow{\mathrm{OP}}$ を表わすベクトルを $\boldsymbol{n}$ とする：$\boldsymbol{n}=(3, 2, -4)$，$\boldsymbol{x}=(x, y, z)$ とおくと，$3x+2y-4z=0$ は $(\boldsymbol{x}, \boldsymbol{n})=0$ と表わされる．したがってこの式は，$\boldsymbol{n}$ に直交する向きにあるベクトル $\boldsymbol{x}$（始点を原点 O にとったときの終点）の全体からなる．

（2） $\mathrm{Q}=(2, 1, 1)$ としたとき，$\overrightarrow{\mathrm{OQ}}$ の $\boldsymbol{n}$ 方向の成分（の絶対値）を求めるとよい．$\boldsymbol{a}=\overrightarrow{\mathrm{OQ}}$ とおくと，この成分は

$$\left(\boldsymbol{a}, \frac{\boldsymbol{n}}{\|\boldsymbol{n}\|}\right)$$

である．したがって答は

$$\frac{6+2-4}{\sqrt{3^2+2^2+4^2}} = \frac{4}{\sqrt{29}}$$

［3］ 必要性：$\boldsymbol{x}$ と $\boldsymbol{y}$ は1次従属とする．$\boldsymbol{x}=\boldsymbol{y}=\boldsymbol{0}$ ならば明らかだから，$\boldsymbol{x} \neq \boldsymbol{0}$ とする．このとき $\boldsymbol{y}=\alpha\boldsymbol{x}$ と表わされる．$|(\boldsymbol{x}, \boldsymbol{y})| = |(\boldsymbol{x}, \alpha\boldsymbol{x})| =$

$|\alpha|\|\boldsymbol{x}\|^2=\|\boldsymbol{x}\||\alpha|\|\boldsymbol{x}\|=\|\boldsymbol{x}\|\|\boldsymbol{y}\|$

十分性：$\boldsymbol{x}$ と $\boldsymbol{y}$ は1次従属ではなかったとする．このとき

$$\boldsymbol{y}_1=(\boldsymbol{x},\boldsymbol{y})\frac{\boldsymbol{x}}{\|\boldsymbol{x}\|^2},\qquad \boldsymbol{y}_2=\boldsymbol{y}-\boldsymbol{y}_1$$

とおくと，1次独立性から $\boldsymbol{y}_2\neq\boldsymbol{0}$ で，$\boldsymbol{y}=\boldsymbol{y}_1+\boldsymbol{y}_2$, $(\boldsymbol{x},\boldsymbol{y}_1)=(\boldsymbol{x},\boldsymbol{y})$．また $(\boldsymbol{y}_1,\boldsymbol{y}_2)=0$ が成り立つ．したがって

$$|(\boldsymbol{x},\boldsymbol{y})|=|(\boldsymbol{x},\boldsymbol{y}_1)|\leqq\|\boldsymbol{x}\|\|\boldsymbol{y}_1\|<\|\boldsymbol{x}\|(\|\boldsymbol{y}_1\|+\|\boldsymbol{y}_2\|)=\|\boldsymbol{x}\|\|\boldsymbol{y}\|$$

となる．

木曜日

［1］ (#)で $P_1x=x_1$, $P_2x=x_2$, $\cdots$, $P_sx=x_s$ と表わされることに注意するとよい．

［2］ もし固有値に0があったとすると，対応する固有ベクトル $\boldsymbol{e}$ は $T\boldsymbol{e}=\boldsymbol{0}$ となる．$\boldsymbol{e}\neq\boldsymbol{0}$ だから，したがって T は1対1でなくなり，同相写像ではない．

逆にもし固有値 $\lambda_1,\lambda_2,\cdots,\lambda_n$ がすべて0でなければ T の逆写像 T^{-1} は

$$T^{-1}\boldsymbol{x}=\frac{1}{\lambda_1}(\boldsymbol{x},\boldsymbol{e}_1)\boldsymbol{e}_1+\frac{1}{\lambda_2}(\boldsymbol{x},\boldsymbol{e}_2)\boldsymbol{e}_2+\cdots+\frac{1}{\lambda_n}(\boldsymbol{x},\boldsymbol{e}_n)\boldsymbol{e}_n$$

で与えられる．ここで $\boldsymbol{e}_i$ は λ_i に対応する T の固有ベクトルで，$\{\boldsymbol{e}_1,\boldsymbol{e}_2,\cdots,\boldsymbol{e}_n\}$ は正規直交基底をつくっている．

［3］
$$\begin{aligned}((\alpha S+\beta T)\boldsymbol{x},\boldsymbol{y})&=(\alpha S\boldsymbol{x},\boldsymbol{y})+\beta(T\boldsymbol{x},\boldsymbol{y})\\&=(\boldsymbol{x},S^*(\bar{\alpha}\boldsymbol{y}))+(\boldsymbol{x},T^*(\bar{\beta}\boldsymbol{y}))\\&=(\boldsymbol{x},\bar{\alpha}S^*\boldsymbol{y}+\bar{\beta}T^*\boldsymbol{y})\end{aligned}$$

より，$(\alpha S+\beta T)^*=\bar{\alpha}S^*+\bar{\beta}T^*$．ほかも同様にして証明される．

金曜日

［1］
$$\begin{aligned}\|x+y\|^2-\|x-y\|^2&=(x+y,x+y)-(x-y,x-y)\\&=(x,x)+2\mathcal{R}(x,y)+(y,y)-(x,x)+2\mathcal{R}(x,y)-(y,y)\\&=4\mathcal{R}(x,y)\end{aligned}$$

$(x,y)=\mathcal{R}(x,y)+i\mathcal{I}(x,y)$ とおくと，$i(x,y)=(ix,y)=i\mathcal{R}(x,y)-\mathcal{I}(x,y)$ により，$\mathcal{R}(ix,y)=-\mathcal{I}(x,y)$．2番目の等式は直接計算してもよいが，この関係式から1番目の等式からも導かれる．

［2］ 対応 $\sum_{n=1}^{\infty}\alpha_{2n}e_{2n}\to(\alpha_2,\alpha_4,\cdots,\alpha_{2n},\cdots)$ が l^2-空間への同型対応を与え

ていることに注意するとよい．

［3］ 正規直交系となっていることはすぐに確かめられる．“完全”なことは，

$$e_{2n-1}=\frac{1}{\sqrt{2}\cos\theta}(f_{2n-1}+f_{2n}),\qquad e_{2n}=\frac{1}{\sqrt{2}\sin\theta}(f_{2n-1}-f_{2n})$$

と表わされることから．

土曜日

［1］(1) $x\in\mathscr{H}$ を勝手に1つとったとき，

$$\|A_mx-A_nx\|\leqq\|A_m-A_n\|\|x\|\longrightarrow 0\quad(m,n\to\infty)$$

により $\{A_nx\}$ $(n=1,2,\cdots)$ はコーシー列となる．

(2) $|\|A_m\|-\|A_n\||\leqq\|A_m-A_n\|$ により，$\{\|A_n\|\}$ $(n=1,2,\cdots)$ はコーシー列である．$\lim_{n\to\infty}\|A_n\|=K$ とすると，$\|A_nx\|\leqq\|A_n\|\|x\|$ において $n\to\infty$ とすることにより，$\|Ax\|\leqq K\|x\|$ が得られる．

［2］(1) $y_n=Ax_n$ として $y_n\to y_0$ のとき，ある x_0 で $y_0=Ax_0$ となることを示すとよい．$\|Ax_m-Ax_n\|\to 0$ $(m,n\to\infty)$ により，

$$\begin{aligned}\|Ax_m-Ax_n\|\|x_m-x_n\| &\geqq |(A(x_m-x_n),\ x_m-x_n)| \quad &(\text{シュワルツの不等式})\\ &\geqq K\|x_m-x_n\|^2 \quad &(\text{仮定による})\end{aligned}$$

を用いると，$\|x_m-x_n\|\to 0$ $(m,n\to\infty)$ がわかる．$\mathscr{H}$ の完備性から $\lim_{n\to\infty}x_n=x_0$ が存在する．A は有界でしたがって連続だから，$Ax_n\to Ax_0$．すなわち $y_0=Ax_0$ となる．

(2) $(\mathrm{Im}\,A)^{\perp}\ni\tilde{x}_0$ をとると，$A\tilde{x}_0\in\mathrm{Im}\,A$ に注意して $0=(A\tilde{x}_0,\tilde{x}_0)\geqq K\|\tilde{x}_0\|^2$．したがって $\tilde{x}_0=0$ となる．

(3) $(\mathrm{Im}\,A)^{\perp}=\{0\}$ で，(1)により $\mathrm{Im}\,A$ は閉部分空間だから，$\mathrm{Im}\,A=\mathscr{H}$ となる．

(4) $Ax=0$ ならば $|(Ax,x)|\geqq K\|x\|^2$ により，$x=0$．このことから A が1対1なことがわかる．(3)により，A は $\mathscr{H}$ から $\mathscr{H}$ の上への1対1の線形写像となる．したがって逆写像 A^{-1} が存在する．$A^{-1}A=AA^{-1}=I$ は明らか．

(5) $|(Ax,x)|\geqq K\|x\|^2$ で，x のかわりに $A^{-1}x$ とおくと $|(x,A^{-1}x)|\geqq K\|A^{-1}x\|^2$．左辺にシュワルツの不等式を用いることにより，$\|x\|\|A^{-1}x\|\geqq K\|A^{-1}x\|^2$ となる．これから $\|x\|\geqq K\|A^{-1}x\|$，となり，$\|A^{-1}x\|\leqq\frac{1}{K}\|x\|$ が成り立つことがわかる．

索　引

た 行

な 行

は 行

ま 行

や 行

ら 行

わ 行

■岩波オンデマンドブックス■

数学が育っていく物語 第4週
線形性──有限次元から無限次元へ

1994年7月5日 第1刷発行
2000年6月26日 第6刷発行
2018年9月11日 オンデマンド版発行

著 者 志賀浩二(しがこうじ)

発行者 岡本 厚

発行所 株式会社 岩波書店
〒101-8002 東京都千代田区一ツ橋2-5-5
電話案内 03-5210-4000
http://www.iwanami.co.jp/

印刷/製本・法令印刷

ISBN 978-4-00-730811-6 Printed in Japan